Verständliche Wissenschaft Band 95

Adolf Krebs

Strahlenbiologie

Mit 58 Abbildungen

Springer-Verlag
Berlin · Heidelberg · New York 1968

Herausgeber der Naturwissenschaftlichen Abteilung:
Prof. Dr. Karl v. Frisch, München

Prof. Dr. habil. Adolf Krebs
School of Medicine, Department of Radiology
University of Louisville, Ky.

ISBN-13: 978-3-540-04376-8   e-ISBN-13: 978-3-642-88279-1
DOI: 10.1007/978-3-642-88279-1

Umschlaggestaltung: W. Eisenschink, Heidelberg

Vorwort

Die Strahlenbiologie ist eine junge Wissenschaft. Sie beginnt, wenn man so will, kurz nach der Entdeckung der Röntgenstrahlen und des Radiums, als die ersten Verbrennungen der Haut durch energiereiche Strahlen beobachtet werden. Für Jahrzehnte jedoch ist sie das Forschungsgebiet kleiner, auserlesener Gruppen, die sich mit Begeisterung ihrem Zauber hingeben. Erst mit dem Advent des Atomzeitalters, dem Krachen der Atombomben und dem Auftreten von „Fallout" findet sie weltweites Interesse. Tausende von Fragen werden plötzlich gestellt, die bei ihrer Wichtigkeit und Dringlichkeit schnelle Lösungen verlangen. In unermüdlicher Arbeit — große Fortschritte auf ihrem eigenen Gebiet erzielend und zugleich außerordentlich anregend und fördernd für Nachbardisziplinen wie Mutationsforschung, Immunbiologie und Gerontologie wirkend — entwickelt sich die Strahlenbiologie in dieser Zeit zu einem Zentralgebiet von ausschlaggebender Bedeutung für Gesundheit und Fortbestand dieser und zukünftiger Generationen.

Das Büchlein versucht, etwas vom Wesen und Charakter der Strahlenbiologie widerzuspiegeln. Nur weniges kann dabei in Einzelheiten dargestellt, manches kann nur gestreift, vieles überhaupt nicht erwähnt werden — fast so, wie es beim Sammeln eines Feld-, Wald- und Wiesenblumenstraußes in der freien Natur geht. Aber wie dort wenige Blumen genügen, dem Empfänger des Straußes eine Idee von der Pracht der Felder und Wiesen unter blauem Himmel zu geben, so möge auch hier das Bändchen dem Leser ein Erlebnis von der Schönheit, aber auch den Problemen der Strahlenbiologie vermitteln.

Nach einem bekannten philosophischen Grundsatz soll ja das Ganze mehr sein als die Summe der Teile, also ein Blumenstrauß mehr als ein Bund einzelner Blumen, und das Bändchen — so hofft in aller Bescheidenheit der Verfasser — mehr als eine Sammlung einzelner Kapitel.

Louisville, Kentucky, August 1968   ADOLF KREBS

Inhaltsverzeichnis

1. Einleitung

1895 berichtet CONRAD WILHELM RÖNTGEN im Dezember-Kolloquium der Würzburger Medizinischen Gesellschaft bescheiden über die Entdeckung einer neuen Strahlenart. Nicht nur, daß diese Strahlen durch Papier hindurch die photographische Platte schwärzen, die elektrische Leitfähigkeit der Luft erhöhen und bestimmte Mineralien zum Aufleuchten bringen können — nein, viel aufregender: mit diesen Strahlen läßt sich am lebenden Objekt mit Hilfe eines einfachen Leuchtschirmes das Knochengerüst der menschlichen Hand in allen Einzelheiten einem großen Zuhörerkreis vorführen.

RÖNTGEN weiß zu dieser Zeit wenig über die Natur der neuen Strahlen und nennt sie „X-Strahlen". Viel weniger noch ahnt er, wie diese Entdeckung, zusammen mit Quantenphysik und Wellenmechanik, das Leben in seiner Gesamtheit beeinflussen und revolutionieren sollte. Mit der Erzeugung „ionisierender" — oft auch „energiereich" genannter — Strahlung stößt er nämlich das Tor auf in ein Forschungsgebiet, das — nach Entdeckung des Radiums und der natürlichen Radioaktivität, der künstlichen Radioaktivität, des Neutrons und der Transuranium-Elemente — knapp 46 Jahre später mit der Entdeckung der Kernspaltung seine Krönung finden sollte. Er kann auch nicht voraussehen, wie sehr Wissenschaft, Industrie und Technik, insbesondere aber die Medizin durch Anwendung dieser neuen Strahlung auf breitester Basis Nutzen ziehen und das Wohl der Menschheit fördern sollten.

Der Plan, Ende 1945 die ersten 50 Jahre triumphaler Erfolge der Röntgenstrahlen — für deren Entdeckung RÖNTGEN im Jahre 1901 schon mit dem Nobelpreis ausgezeichnet wurde — in Medizin, Wissenschaft, Technik und Kunst in einem Sammelband *„50 Jahre Röntgenstrahlen"* unter Mitarbeit damals noch lebender Pioniere des Gebietes herauszugeben, konnte trotz weit vorangeschrittener Vorbereitungen infolge der Kriegsereignisse nicht verwirklicht werden. Vielleicht aber war das gut so. Relativ wenig hätte zu dieser Zeit über *die* Wirkungen ionisierender Strahlen gesagt werden können, die heute im Mittelpunkt des allgemeinen Interesses stehen: über ihre Wirkungen auf das Leben in all seinen Formen und Erscheinungen, sei es, daß sie ihren Ursprung in der natürlichen Strahlenumwelt des Lebens oder in dem vom Menschen geschaffenen, künstlichen Strahlenmilieu haben.

Wohl waren schon kurz nach RÖNTGENS Entdeckung Erytheme, Verbrennungen und Verletzungen der Haut durch Röntgenstrahlen und Radiumstrahlen beobachtet worden, wohl hatte 1903 schon HEINEKE seine berühmten Untersuchungen über biologische Effekte der Röntgenstrahlen veröffentlicht, für Jahrzehnte jedoch waren es nur wenige Forscher, die sich dem Studium der biologischen Effekte ionisierender Strahlen und der Aufklärung ihres Wirkungsmechanismus voll widmeten. Erst mit den Explosionen der Atombomben über Hiroshima und Nagasaki wurden weitere Kreise — und nach dem Auftreten von „Fallout", gefolgt von den Entdeckungen mächtiger Strahlengürtel um die Erde herum und durchdringender Strahlungen im Weltenraum —, die ganze Menschheit an den biologischen Wirkungen ionisierender Strahlen interessiert.

So setzte bald eine Forschungswelle ungeheuren Ausmaßes auf dem Gebiet ein, die in den letzten Jahrzehnten zu beachtlichen Einsichten und Erkenntnissen über die Wechselwirkung zwischen energiereichen Strahlen und lebenden Systemen führte. Versuche an biologischen Objekten der verschiedensten Art — von Phagen, Viren, Bakterien, Zellen und Zellverbänden sowie Organen bis zum intakten Tier — unter den verschiedensten experimentellen Bedingungen und für verschiedene Strahlenarten — ergänzt durch In-vitro-Beobachtungen und Experimente mit chemischen Modellsystemen — gehen in die Tausende. Hypothesen über den Wirkungsmechanismus — besser über die Wirkungsmechanismen — sind zahlreich. Noch fehlt der Schlüssel zum Verständnis der mannigfaltigen Erscheinungen, aber die Suche nach dem Generalnenner ist in vollem Gang. Neue Einsichten in den Mutationsvorgang, die zur Revision klassischer Vorstellungen zwingen; neue Techniken zur Kultur tierischer Zellen und Entwicklung der modernen Cytogenetik, zusammen mit dem Versuch, die ganze

Strahlenreaktionskette nach der Lehre von den zufälligen Ereignissen, der Stochastik, zu deuten, sind die Etappen, die — nach dem Urteil der Fachleute — die Zeit reif machen für große Entdeckungen. Und so wird das Studium strahlenbiologischer Phänomene, die allenthalben ins Leben eingreifen, eine der größten Aufgaben und Herausforderungen unserer Zeit.

2. Strahlenumwelt des Lebens

Naturgegebene Umweltstrahlung

Mehr denn je in ihrer Geschichte steht die Menschheit heute im Banne von „Strahlung". Dies ist verständlich, denn mit der stetig wachsenden An- und Verwendung des Kernspaltungsprinzipes auf so vielen Gebieten des Lebens, insbesondere zur Herstellung technisch verwertbarer Energie in allergrößtem Maßstab, ist zugleich auch — als unerwünschtes Beiprodukt — die Erzeugung gewaltiger Mengen energiereicher Strahlen verknüpft.

Die Gefahren dieser biologisch so außerordentlich wirksamen Strahlen für die lebende Generation — also die „*somatischen Effekte*" — sind in krassen Farben geschildert worden, und die Sorge um mögliche Spätschädigungen künftiger Generationen auf Grund etwaiger Bestrahlung der Eltern — also die „*genetischen Effekte*" — halten weite Kreise in Angst und Spannung.

Vermehrt und erhöht werden diese Sorgen noch durch die kürzliche Entdeckung neuer, energiereicher Strahlen auf der Erde und im erdnahen Raum, deren Wesen und Eigenschaften alles bisher über die natürliche Umweltstrahlung Bekannte weit übertreffen.

Schon 1927 hat LAZARUS — volkstümliche Anschauungen und wissenschaftliche Tatsachen mit einbeziehend — versucht, die Strahlenumwelt des Lebens anschaulich darzustellen, indem er in einer kühnen Vision den Menschen als „Wanderer zwischen strahlenden Welten" gesehen hat (Abb. 1).

Von Sonne, Mond und Sternen, aus den großen Weiten des Weltenraumes, von der Erde — von Boden, Wasser und Luft — treffen nach dieser Vision Strahlen der verschiedensten Art und der verschiedensten Energien unaufhörlich — tagein, tagaus — alles Leben auf der Erde und beeinflussen es in seinem Werden und seinem Sein.

Die Forschung der letzten Jahrzehnte hat diese Vision weitgehend bestätigt und ergänzt. Sie hat zu den „von außen" wirkenden Strahlenquellen noch die „inneren", von der Radioaktivität der Lebewesen stammenden Strahlenquellen hinzugesellt, so daß alle biologischen Systeme — Mensch, Tier und Pflanze — von

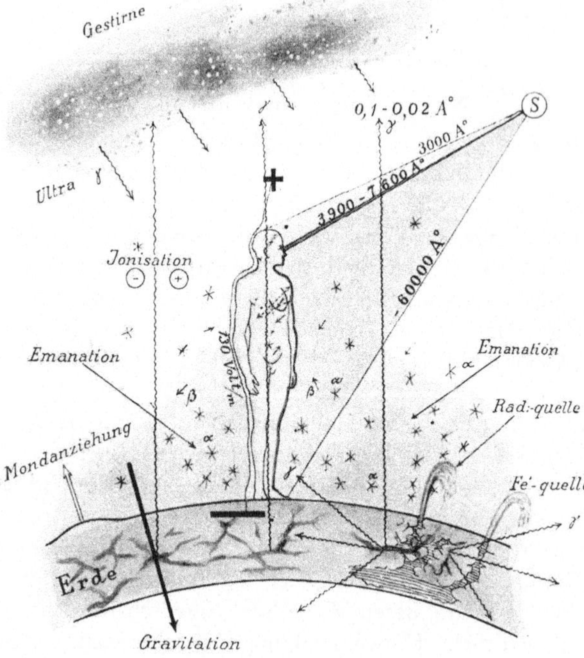

Abb. 1. Der Mensch als Wanderer zwischen strahlenden Welten

„außen her" und von „innen her" dauernd energiereichen Strahlen ausgesetzt sind.

Dem Leser sind viele dieser energiereichen Strahlen — zum mindesten dem Namen nach — bekannt. Zu ihnen gehören die Alphastrahlen, Betastrahlen, Gammastrahlen, Röntgenstrahlen, Elektronenstrahlen, Positronen- und Neutronenstrahlen und andere schwere Atomkernstrahlen, wie sie uns in den verschiedenen Formen der Höhenstrahlung entgegentreten. In Form einer Tabelle dargestellt, ergibt sich — nach dem derzeitigen Stand unseres

Wissens — etwa das folgende Bild für die naturgegebene Umweltstrahlung des Lebens (Tabelle 1).

Nach dieser Tabelle verbirgt sich unter dem Sammelbegriff „Energiereiche Strahlen im Lebensraum" eine Vielzahl von Strahlenarten, die alle in ihrer biologischen Wirksamkeit und für verschiedene Situationen studiert werden müssen, so z. B., wenn demnächst die mit Überschallgeschwindigkeit in mehr als 25 km Höhe fliegenden Riesenflugzeuge — oder ein Raumschiff mit Passagieren und Mannschaft — in einen durch magnetische Stürme auf der Sonne ausgelösten Protonenhagel geraten sollten. Die aufgezählten energiereichen Strahlen lassen sich in zwei große Gruppen einteilen: in die Gruppe der elektromagnetischen oder Wellen-Strahlen und in die Gruppe der Korpuskular- oder Teilchen-Strahlen.

Elektromagnetische Strahlen oder Wellenstrahlen bewegen sich in Form kleiner Energiebündel — in Form von „Quanten" oder „Photonen" — mit Lichtgeschwindigkeit, mit 300 000 Kilometern pro Sekunde, durch den Raum. Ihre Energie ist durch ihre Wellenlänge beziehungsweise durch ihre Frequenz oder Schwingungszahl gegeben. Je kürzer die Wellenlänge einer Strahlung ist, desto größer ist ihre Energie. Röntgenstrahlen sind demnach energiereicher als ultraviolette Strahlen, diese energiereicher als Lichtstrahlen und so fort, wie aus Abb. 2 zu erkennen, die einen Überblick über das gesamte elektromagnetische Spektrum gibt.

Korpuskularstrahlen, schnell bewegte subatomare Teilchen fliegen ebenfalls mit großer Geschwindigkeit — immer aber kleiner

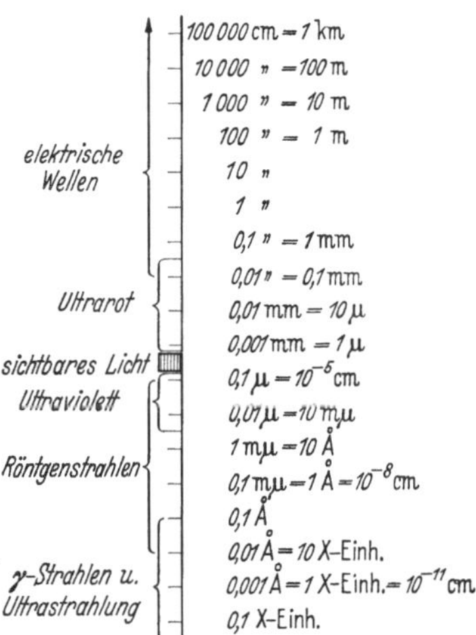

Abb. 2. Übersicht über das gesamte elektromagnetische Spektrum mit Wellenlängen für die verschiedenen Strahlenbereiche. Zehnerpotenzen: Man schreibt anstatt 100, 1000 … 10^2, 10^3 … anstatt 1/100, 1/1000 … 10^{-2}, 10^{-3} …

Tabelle 1. *Naturgegebene energiereiche Strahlen im Lebensraum*

Äußere Strahlenquellen

Ort	Strahlenart	Energien
Erde	*Strahlen der natürlich radioaktiven Elemente* in Boden, Wasser und Luft, in Bauten und allen Stoffen: Alphastrahlen, Betastrahlen, Gammastrahlen	bis zu einigen MeV *
	Sekundäre Höhenstrahlung: Ein kompliziertes Strahlengemisch, von der primären Höhenstrahlung beim Durchgang durch die Atmosphäre erzeugt: Elektronen, Positronen, Mesonen, Neutronen, Röntgenstrahlen und Gammastrahlen	bis zu etwa 10^9 eV
Erdnaher Raum	*Primäre Höhenstrahlung:* Trifft — von der Sonne und aus dem Weltenraum kommend — in etwa 33 km Höhe auf die Lufthülle der Erde; besteht aus Protonen, Alphateilchen und anderen schweren Atomkernen bis zum Element Eisen mit der Ordnungszahl 26 und evtl. noch höher	bis zu 10^{18} eV und mehr
	Van-Allen-Strahlungsgürtel: Im Magnetfeld der Erde eingefangene Elektronen und Protonen	
	1. Gürtel: Erstreckt sich von etwa 500 km Höhe bis zu 10000 km Höhe; enthält vorwiegend energiereiche Protonen. Intensität im Zentrum des Gürtels: 2×10^4 Protonen per Quadratzentimeter und per Sekunde mit Energien größer als 40 MeV	
	2. Gürtel: Erstreckt sich von 15000 km Höhe bis zu 70000 km; besteht vorwiegend aus Elektronen mit Energien größer als 500 keV. Im Zentrum etwa 2×10^7 Elektronen per Quadratzentimeter und per Sekunde	
	Zur Zeit starker Sonnenaktivität und magnetischer Stürme auf der Sonne starke, bis zum 20fachen gehende Veränderungen	
Weltenraum	*Solare Höhenstrahlung:* Energiereiche Protonen und schwerere Kerne, Röntgenstrahlen; starke zeitliche Schwankungen im Zusammenhang mit Sonnenaktivität	bis zu 100 MeV und mehr

* Die Kernphysik benutzt zur Messung von Energien in der Welt der Atome eine besondere Einheit: das Elektronenvolt, mit eV bezeichnet. Dieses entspricht einer Potentialdifferenz (V), die ein Elektron mit der Ladung (e) durchfallen muß, um die Energie (E) zu erhalten: $E = e \times V$. 1 eV entspricht $1,6 \times 10^{-12}$ erg. — Schreibweise: ein Elektronenvolt: 1 eV; tausend Elektronenvolt: 1 keV; eine Million Elektronenvolt: 1 MeV.

Ort	Strahlenart	Energien
	Galaktische Höhenstrahlung: Dringt aus dem Weltenraum in Form schwerer Atomkerne in das Sonnensystem ein; Strahlengemisch enthält: 85% Protonen, 13% Heliumkerne, Rest andere schwere Kerne	bis zu 10^{18} eV
	Quasar-Strahlung: Radiowellen aussendende Sterne in fernen Galaxien; nach kürzlichen Beobachtungen auch energiereiche Röntgenstrahlen in das Weltall ausstrahlend	

Innere Strahlenquellen

Ursprung	Strahlenquellen und Strahlenart	Energien
Teils vom Mutterleib her, teils mit täglicher Nahrung, mit Wasser und Luft in den Körper eingeführt	Radioaktive Elemente, wie Radium, Kalium, Tritium, Kohlenstoff-14 und andere. Alpha-, Beta- und Gammastrahlen	bis zu einigen MeV

als die Lichtgeschwindigkeit — durch den Raum. Ihre Masse und ihre Geschwindigkeit bestimmen ihre Energie nach dem einfachen Gesetz der Mechanik, das für jeden bewegten Körper gilt. So haben Elektronen mit einer Masse von $9{,}1 \times 10^{-28}$ Gramm und einer Geschwindigkeit von 26000 Kilometern pro Sekunde eine Energie von 2 keV; Protonen, rund 1800mal schwerer als Elektronen, haben bei einer Geschwindigkeit von 20000 Kilometern pro Sekunde eine Energie von 2 MeV, und Alphateilchen (Heliumkerne) haben bei einer Geschwindigkeit von 20000 Kilometern pro Sekunde eine Energie von 8 MeV.

Tabelle 2 gibt einige der bekanntesten Strahlenarten mit ihren charakteristischen Eigenschaften.

Der Strahlenbiologe interessiert sich natürlich dafür, wie tief ionisierende Strahlen in Gewebe eindringen können. Dies hängt von der Art der Strahlung und der Energie der Strahlung ab. Für Röntgenstrahlen, Gammastrahlen und Neutronen gibt man im allgemeinen die Halbwertschicht an, das ist die Dicke der Schicht, die 50% der einfallenden Strahlung durchläßt. Für Alphastrahlen, die schon von dünnen Papierschichten absorbiert werden, und für

Tabelle 2. *Energiereiche Strahlen mit ihren Eigenschaften*

Strahlenart	Natur	Rel. Masse bez. auf Elektron $m = 9,1 \times 10^{-28}$ g	Ladung	Energie
1. Elektromagnetische Strahlen				
Röntgenstrahlen	Quanten	sehr klein	o	proportional $1/\lambda$
Gammastrahlen	Quanten	sehr klein	o	proportional $1/\lambda$
2. Korpuskulare Strahlen				
Betastrahlen	Elektron	1	—	abhängig von der Geschwindigkeit
Protonstrahlen	Wasserstoffkern	1836	+	abhängig von der Geschwindigkeit
Alphastrahlen	Heliumkern	7329	+ +	abhängig von der Geschwindigkeit
Neutronenstrahlen	neutrales Elementarteilchen	1839	o	abhängig von der Geschwindigkeit
Mesonenstrahlen				
π-Meson	schweres Elektron	273	±	abhängig von der Geschwindigkeit
$\varkappa$-Meson	schweres Elektron	966	±	abhängig von der Geschwindigkeit

Betastrahlen, die von Metallfolien und Blechen absorbiert werden,
liegen für einen großen Energiebereich der Strahlen direkte Zahlen über ihr Eindringungsvermögen in Gewebe vor (Tabelle 3).

Bisher sind noch nicht alle in Tabelle 2 angeführten Strahlenarten in ihrer biologischen Wirksamkeit eingehend studiert wor

Tabelle 3. *Eindringungsvermögen von Alphastrahlen und Betastrahlen in Gewebe
in Abhängigkeit von ihrer Energie*

Strahlenart	Energie in MeV	Eindringtiefe in Gewebe in mm (nach JAEGER)
Alphastrahlen	1	0,005
	2	0,010
	3	0,016
	4	0,025
	5	0,035
	6	0,047
Betastrahlen	1	3
	2	10
	3	15
	5	25
	10	50

den. Die Einführung von Strahlungen mit biologisch unter Umständen hervorragenden Eigenschaften ist eine ständige Aufgabe strahlenbiologischer Forschung und Planung. Zur Zeit wird emsig am Bau von „Mesonen-Fabriken" gearbeitet, da diese Strahlen auf Grund ihres Eindringungsvermögens in Gewebe und ihrer Verteilung im Gewebe für Strahlenbiologie und Strahlenmedizin besonders wertvoll erscheinen. In großem Ausmaße erzeugt, gehören die Mesonen dann schon in das Gebiet der vom Menschen geschaffenen zivilisatorischen Strahlenquellen, deren Besprechung jetzt folgt.

Zivilisatorische, vom Menschen geschaffene Strahlenumwelt

Alle vom Menschen geschaffenen künstlichen Strahlenquellen beruhen auf geschickter Ausnutzung physikalischer Gesetze und genialer Kombination physikalischer Prinzipien. Sie treten uns in großer Mannigfaltigkeit auf vielen Gebieten des Lebens entgegen. Wir finden sie in den Gebrauchsgegenständen des Alltags, in den von Wissenschaft, Technik und Industrie benutzten Hochspannungsapparaturen und Isotopengeräten, in den mächtigen Anlagen zur Erzeugung künstlich radioaktiver Elemente sowie in den verschiedenen Anordnungen, in denen Uranatome gespalten werden: Reaktoren, Bomben und andere zur plötzlichen Freisetzung großer Energiemengen entwickelten Vorrichtungen.

Moderne Strahlengeräte, mögen sie auf dem Röntgenprinzip, der Beschleunigung geladener Teilchen mit Hilfe von Linearbeschleunigern oder Kreisbeschleunigern (Zyklotron, Betatron) oder auf der Verwendung radioaktiver Isotope beruhen, sind immer imposante Apparaturen und Anlagen. Abb. 3 zeigt ein modernes Betatron, auch Elektronenschleuder genannt. In diesem Gerät werden Elektronen zwischen den Polen eines starken Magneten viele Male im Kreis herumgewirbelt und bei jedem Umlauf etwas mehr beschleunigt, so daß sie — wenn sie nach vielen hundert Umläufen das Gerät verlassen — beträchtliche Energien mit sich führen.

Abb. 4 zeigt eine Kobalt-60-Bestrahlungsapparatur, die im Innern einer großen Bleikugel ein kleines Metallplättchen radioaktiven Kobalts enthält, das — viele tausend Curie* stark — Gammastrahlung mit einer Energie von 1,1 MeV und 1,2 MeV aussendet.

____

* 1 Curie ist angenähert gleich der Aktivität von 1 Gramm ^{226}Radium.

So groß ist das Gewicht der als Strahlenschutz dienenden Bleikugel, daß — um Rotationsbestrahlungen an Patienten ausführen
zu können — ein entsprechend schweres Gegengewicht angebracht

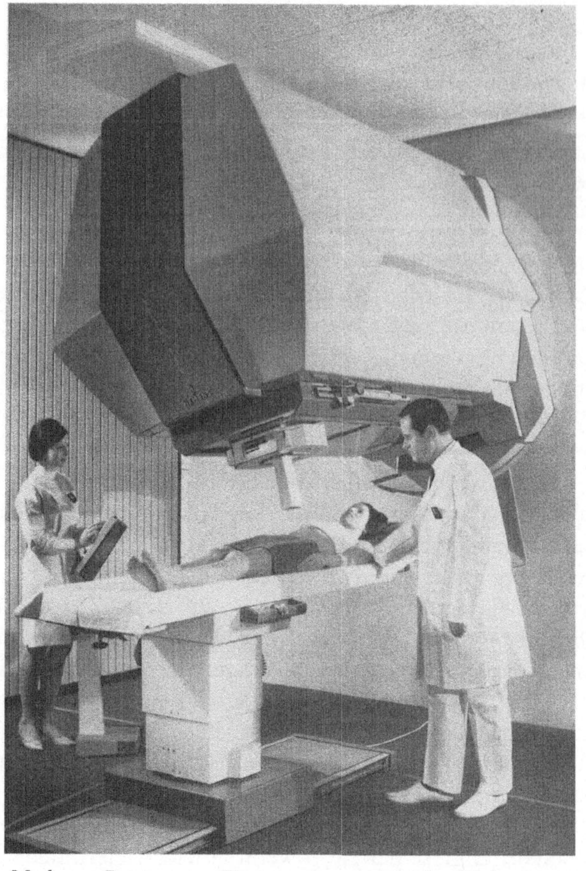

Abb. 3. Modernes Betatron zur Erzeugung energiereicher Elektronenstrahlen
und ultraharter Röntgenstrahlen mit Energien von 5 bis 42 MeV

werden muß. Besondere Verschlüsse und Blenden kontrollieren
den Austritt der Strahlung ins Freie.

Zur Rotationsbestrahlung und Pendelbestrahlung von Patienten — eine Methode, bei der die Haut vor allzu großen Strahlen-

dosen geschützt wird, während genügend hohe Strahlendosen tieferliegende Tumoren erreichen — sind besondere Pendel- und Rotationsanordnungen in Gebrauch. Zur Bestrahlung von innen — z. B. Bestrahlung der Gebärmutter oder der Blase — werden radioaktive Präparate in Form von Nadeln oder Kugeln benutzt.

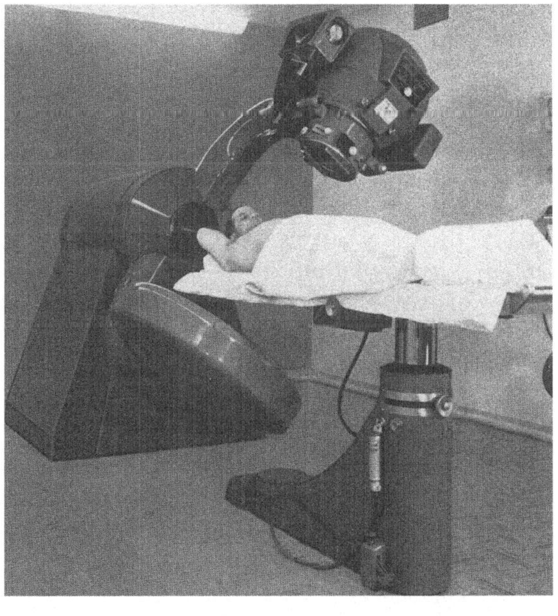

Abb. 4. Kobalt-60-Teletherapiegerät

In vielen Fällen werden radioaktive Lösungen (künstlich radio-aktives Jod, künstlich radioaktives Gold, künstlich radioaktiver Phosphor) unter besonderen Vorsichtsmaßnahmen in den Körper eingeführt, wo sie dann — in dem betreffenden Organ angereichert (Jod z. B. in der Schilddrüse) — unter Aussendung von Strahlung zerfallen.

Das gesamte, mit den mehr konventionellen Apparaturen und Geräten zu überbrückende Energiegebiet wird aus der Zusammenstellung Abb. 5 ersichtlich. Sie umfaßt das Energiegebiet von 100 keV bis zu etwa 70 MeV. Für noch höhere Energien und zur Benutzung besonderer Strahlenarten sind Spezialanlagen verfüg-

bar, so für Bestrahlung mit Neutronen Neutronenbestrahlungs-
anlagen verschiedener Bauart, und für Bestrahlung mit Strahlen-
gemischen, wie sie beim Kernspaltungsprozeß entstehen, dienen
„medizinische" Reaktoren.

Zu den im Alltag anzutreffenden Strahlenquellen gehören die
verschiedenen mit radioaktiven Substanzen arbeitenden Arma-
turen, leuchtende Schalterknöpfe, Schlüssellöcher, Leuchtziffer-
blattinstrumente, Leuchtzifferblattuhren und -wecker sowie mit

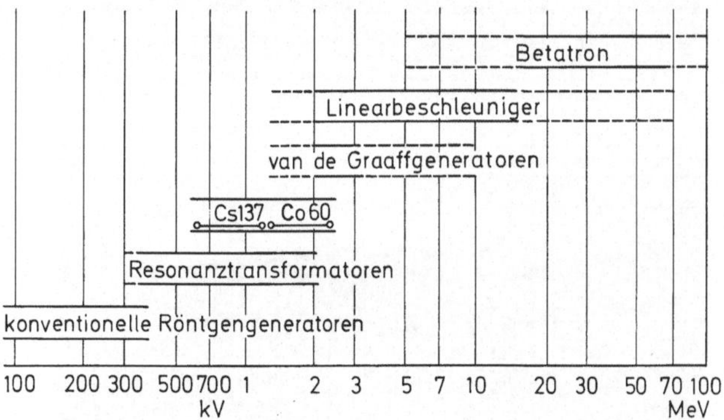

Abb. 5. Gebräuchliche Bestrahlungsapparaturen mit ihren Energiebereichen
und ihren Erzeugungsmethoden

hohen Spannungen arbeitende Geräte, wie Fernsehgeräte, bei
denen, wie das kürzlich in Amerika durch die Zeitungen ging,
die durch Hochspannung erzeugten Röntgenstrahlen oft nicht
entsprechend abgeschirmt sind.

Besondere Aufmerksamkeit wird zur Zeit der Errichtung von
Kernkraftwerken zur Erzeugung von „Elektrizität billiger als
durch Kohle" geschenkt. Diese Werke werden — da sie große
Mengen Kühlwasser gebrauchen — in wasserreichen Gebieten,
gewöhnlich entlang von Flüssen und Strömen gebaut. Obwohl an
rigorose Vorsichtsmaßnahmen in bezug auf radioaktive Ver-
seuchung der Umgebung gebunden, ist jedoch immer mit der
Möglichkeit des Versagens der einen oder anderen der vielen
Kontrolleinrichtungen eines solchen Werkes zu rechnen, wie der
Windscale-Unfall in England 1957 und einige andere Unfälle
zeigen.

Umgeben von all diesen Strahlenquellen spielt sich das Leben auf der Erde und bald im erdnahen Raum ab. Von der Wiege bis zum Grabe — mehr noch — vielleicht schon von der Zeugung ab stehen biologische Systeme — gleichgültig ob Mensch, Tier oder Pflanze — unter der Einwirkung energiereicher Strahlen. Wie werden sie von diesen beeinflußt?

3. Ionisierende Strahlen

Atome kann man sich nach NIELS BOHR modellmäßig als kleine Sonnensysteme vorstellen*. Um einen positiv geladenen Kern (die „Sonne") kreisen auf vorgegebenen Bahnen die „Planeten", in Form von Elektronen, deren jedes eine negative Ladung trägt. Die Zahl der Elektronen entspricht der Zahl der positiven Ladungen des Kernes, bei Wasserstoff also, dessen Kern (Proton) eine positive Ladung trägt, ein Elektron; bei Helium, dessen Kern zwei positive Ladungen trägt, zwei Elektronen usw. Ein normales Atom ist damit nach außen hin elektrisch neutral.

Trifft nun ein energiereicher Strahl, z. B. ein Photon, auf ein solches Atom, dann kann dieser Strahl mit einem Atomelektron zusammenstoßen und es — wenn die Energie des Strahles groß genug ist — aus dem Atom herauswerfen. Das Atom bleibt dann, da es mit dem Elektron eine negative Ladung verloren hat, als positiv geladenes Restatom — als „positives Ion" — zurück. Das herausgeschlagene Elektron für sich allein oder an einen neutralen Atomkomplex angelagert, existiert als „negatives Ion". Positives Ion und negatives Ion sind ein „Ionenpaar", und die Strahlung, die den Prozeß auslöst, heißt „ionisierende Strahlung". Treffen geladene Teilchen auf Atome, dann „ionisieren" sie die Atome, indem ihre Ladung mit den Ladungen der Elektronen in Wechselwirkung tritt und diese durch elektrische Abstoßung oder Anziehung aus dem Atom entfernt.

Photonen sowohl als auch Korpuskeln gehen dabei ganz einzigartig vor. In raffinierter Weise dringen sie tief in Materie ein

---

* Die Postulate Bohr's haben 12 Jahre später durch die Quantenmechanik von HEISENBERG und SCHRÖDINGER ihre physikalische Begründung gefunden. Für „wellenmechanische Bilder" des H-Atomelektrons siehe FINKELNBURG, Einführung in die Atomphysik, Springer-Verlag, 1964.

und „ionisieren" Atome und Moleküle dort, wo andere Mittel schwer hinkommen. Man kann sie, wenn man will, mit Zwergen oder kleinen Dämonen vergleichen. Außerordentlich klein und beweglich, finden diese winzigen Wesen, denen nichts verschlossen, sondern alles zugänglich ist, immer einen Weg, ihr Ziel zu erreichen und Atome in Unordnung zu bringen. Und zwar können

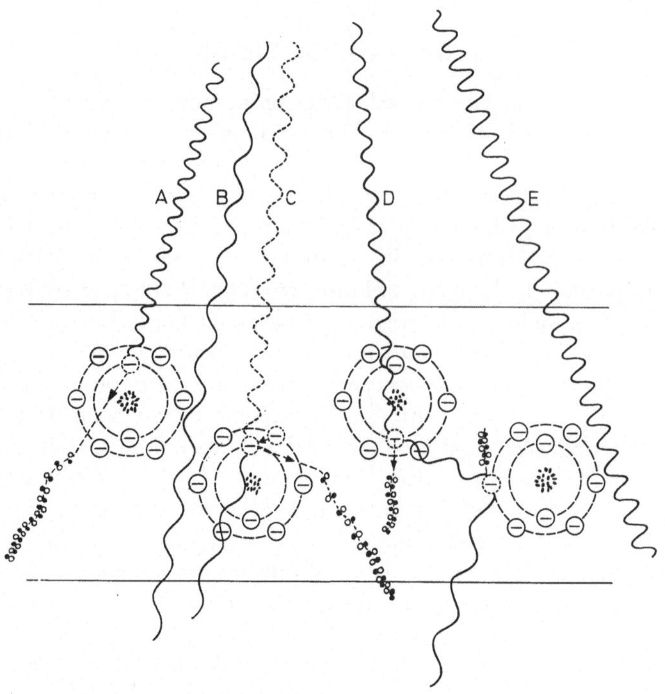

Abb. 6. Strahlung in Wechselwirkung mit Materie. A, B, C, D, E einfallende Röntgenphotonen, die mit den schematisch gezeichneten Atomen auf verschiedene Weise in Wechselwirkung treten

sie je nach ihrer Energie dieses Spiel auf verschiedene Art und Weise betreiben.

Einige Photonen kommen — wie das Schema Abb. 6 zeigt — nahe an Atome heran, fliegen aber dann, wie im Falle von Photon B und Photon E, einfach an ihnen vorbei. Andere, wie im Falle Photon A, prallen mit einem Elektron in der Elektronenhülle eines Atoms zusammen, kicken es aus dem Atom heraus und geben ihm noch so viel Energie auf den Weg mit, daß dieses Elektron nun andere Atome bei seinem Flug durch die Materie ionisieren kann. Dies ist der „Photoeffekt", in dem das einfallende Photon ein „Photoelektron" erzeugt, das dann selbst mit anderen Atomen „spielt".

Im Falle des Photons D treibt das ankommende Photon ein viel raffinierteres Spiel mit einem Atom. Es wirft ein Elektron aus

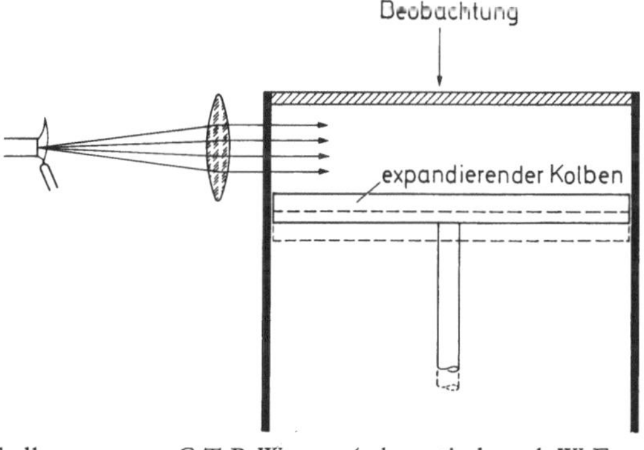

Abb. 7. Nebelkammer von C.T.R.Wilson (schematisch nach W.Finkelnburg)

dem Atom heraus; denkt aber gar nicht daran, seine ganze Energie an dieses Elektron abzugeben wie im Falle A. Im Gegenteil, das Photon behält einen Teil seiner Energie und wiederholt dasselbe Spiel mit einem Nachbaratom, wie das Schema deutlich zeigt. Das Photon wiederholt dieses Spiel solange, bis es all seine Energie in Ionisationsprozessen und zum Schluß in Wärmebildung verbraucht hat. Ein ganz komplizierter Prozeß, für dessen Entdeckung der Physiker A. H. Compton mit dem Nobelpreis ausgezeichnet worden ist. Ihm zu Ehren heißt der Prozeß auch „Comptoneffekt", und die im Prozeß ausgelösten Elektronen heißen „Comptonelektronen". Der Comptoneffekt spielt eine große Rolle bei der Erzeugung biologischer Strahleneffekte durch sehr energiereiche (harte) Röntgenstrahlen und Gammastrahlen. Er ist hier etwas ausführlicher behandelt worden, um zu zeigen, auf welch komplizierte Weise ionisierende Strahlen den biologischen Effekt „auslösen".

Ionisierende Strahlen lassen sich leicht mit Ionisationskammern, Geiger-Müller-Zählern, Szintillationszählern und anderen Methoden nachweisen und messen. Mit Hilfe besonders geschickter Verfahren kann man ionisierende Strahlen sogar veranlassen,

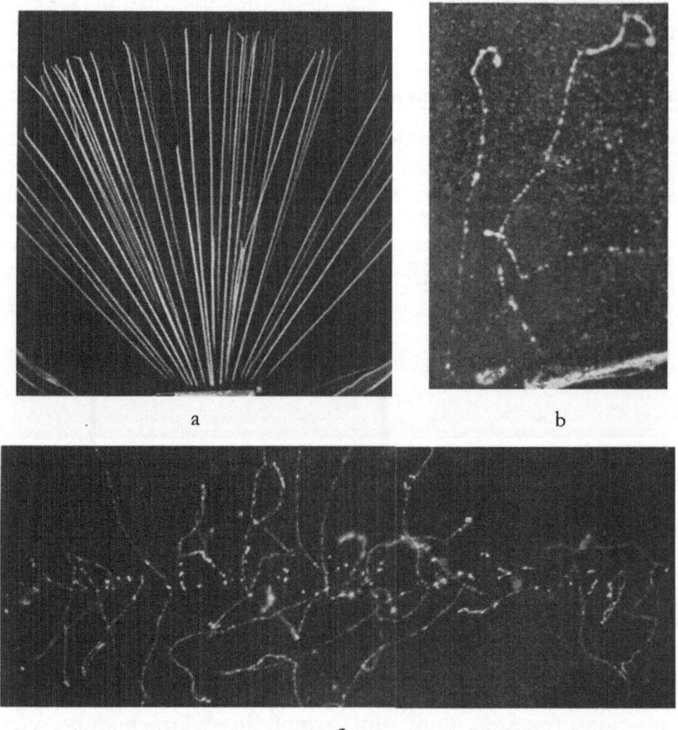

Abb. 8. Nebelkammeraufnahmen ionisierender Strahlen. a) Alphastrahlen, b) Betastrahlen, c) Gammastrahlen, d) kleiner Kaskadenschauer der Höhenstrahlung mit Elektron-Positron-Paaren, e) durch schnelle Neutronen erzeugte Rückstoß-Protonen-Spuren

sich durch die „Spuren" zu verraten, die sie beim Durchgang durch Materie hinterlassen, so ähnlich, wie Wild sich durch seine „Spuren" und „Fährten" verrät. Aus diesen Spuren kann dann der geübte „Spurenleser" viele Einzelheiten in bezug auf die Art der Strahlung und in bezug auf ihren Weg durch die Welt der Atome und Moleküle entnehmen.

Heute sind mehrere Methoden bekannt, um „Spuren" ionisierender Strahlen sichtbar zu machen. Am bekanntesten sind die
Wilsonsche Nebelkammermethode, die photographische Emul-
sionsmethode und die kürzlich von GLASSER entwickelte Blasen-

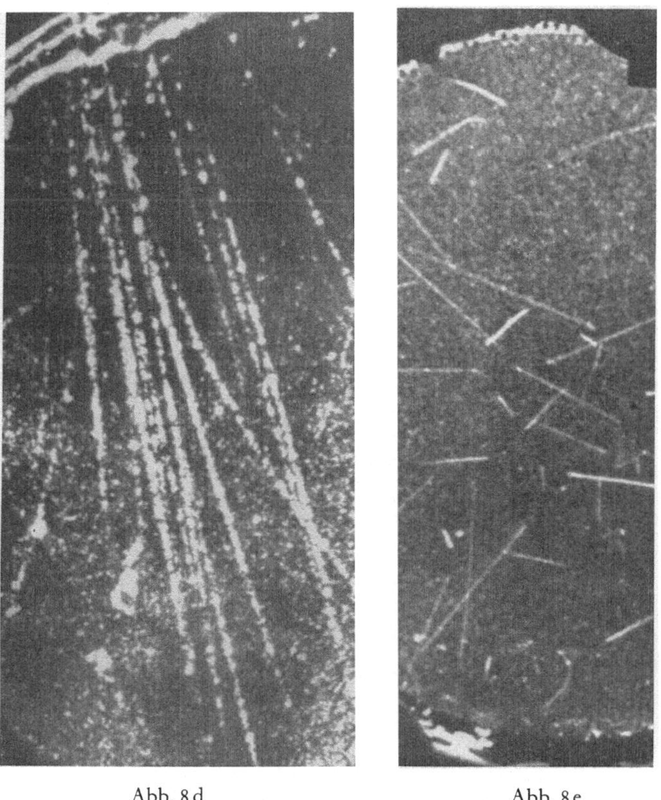

Abb. 8 d　　　　　　　　　　　　　　　Abb. 8 e

kammer. Jede dieser Methoden ist so einzigartig und so bedeutend
für die Strahlenforschung, daß jede mit dem Nobelpreis ausgezeichnet worden ist.

Die Wilsonsche Nebelkammer arbeitet mit einem abgeschlosse-
nen, mit Wasserdampf gesättigtem Luft- oder Gasvolumen. Wird
dieses Volumen plötzlich durch schnelles Senken eines Kolbens
ausdegehnt (Abb. 7), so tritt durch adiabatische Abkühlung der

Luft oder des Gases in der Kammer übersättigter Wasserdampf auf, der sich begierig an irgend etwas zu kondensieren versucht.

Fliegt nun im Augenblick der Expansion ein energiereicher Strahl durch das Kammervolumen und erzeugt entlang seines Weges Ionen und Ionenpaare, so dienen diese als Kondensationskerne für den überschüssigen Wasserdampf. Feine Nebeltröpfchen bilden sich entlang der Bahn des Strahles, die bei geeigneter Beleuchtung als feine, silberweiße Spur — als „Fährte" — auf dunklem Hintergrund erscheint. Nebelkammeraufnahmen zeigen viele Einzelheiten des Ionisationsvorganges und lassen deutlich die Unterschiede im Ionisationsvermögen der einzelnen Strahlenarten erkennen. Alphastrahlen erzeugen, wie die folgenden Wilsonkammeraufnahmen zeigen (Abb. 8), kräftige, kurze, dichtionisierte Spuren; Betastrahlen erzeugen wenig dicht ionisierte, vielfach gekrümmte und gewundene Bahnen, und Gammastrahlen zeigen typische Photoelektronen- und Comptonelektronenspuren mit ihren charakteristischen Verdickungen gegen Ende der Fährte.

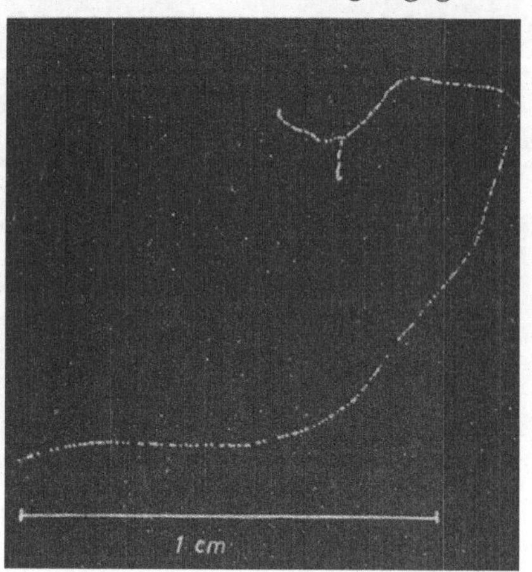

Abb. 9. Blasenkammeraufnahme der Bahnspur eines Comptonelektrons von 11-MeV-Bremsstrahlung in Propan, deutlich den Anstieg der Blasendichte gegen Ende der Reichweite zeigend

Die Blasenkammer arbeitet mit leicht siedenden Flüssigkeiten, wie Propan, Freon oder flüssigem Wasserstoff. Die Flüssigkeit wird unter hohem Druck bis nahe am kritischen Siedepunkt gehalten und dann plötzlich entspannt. Dadurch bildet sich eine überhitzte Flüssigkeit, die jede kleine Unreinigkeit, jedes kleine Fremdkörperchen als Ansatzpunkt zur Bildung von Dampfblasen benutzt — etwa vergleichbar dem Siedeverzug beim Kochen von Wasser im Becherglas. — Durchquert nun im Augenblick der Entspannung ein ionisierender Strahl die Flüssigkeit und bildet Ionen entlang seiner Bahn, dann wirken diese Ionen als eine Art Fremdkörper, um die herum sich feinste Dampfbläschen bilden. Sie folgen in ihrer Anordnung genau dem Weg des Strahles in der Flüssigkeit und geben — da sie bei Beleuchtung weiß aufleuchten — die Bahnspur in allen Einzelheiten wieder. So zeigt das Comptonelektron einer 11-MeV-Bremsstrahlung in einer mit Propan gefüllten Blasenkammer (Abb. 9) entlang seiner Bahn deutlich die statistische Verteilung der Ionisationsakte und ihre Zunahme gegen Ende der Bahn, die rein nach den Gesetzen des Zufalls verläuft.

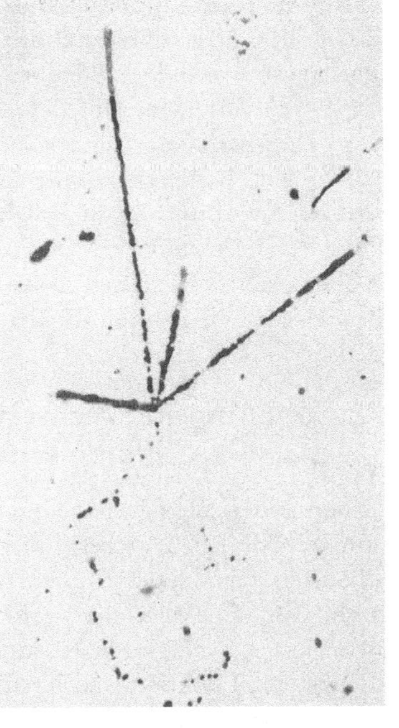

Abb. 10. Teilchenspuren eines zerfallenden Th^{228}-Kernes und seiner Folgeprodukte in photographischer Emulsion. Beim Zerfall treten vier Alphastrahlen (Stern) und ein Betastrahl (gewundene Spur) auf

In photographischen Emulsionen ionisieren energiereiche Strahlen Silberatome und bilden so entlang ihres Weges entwicklungsfähige Keime. Nachfolgende chemische Behandlung läßt dann den Weg als photographische Spur erscheinen. Auch hier unterscheiden sich die verschiedenen Strahlenarten durch die Stärke und die Form ihrer Bahnen. Alphastrahlen erzeugen dicke, geradlinige Ionisationsspuren (Abb. 10), Betastrahlen wenig dicht ionisierte, sehr verschlängelte Bahnen, und Gammastrahlen verraten sich durch Photoelektronen und Comptonelektronen.

Photographische Emulsionen haben Nebelkammern und Blasenkammern gegenüber einen großen Vorteil. Nebelkammer und Blasenkammer sind nur aufnahmebereit im Augenblick der Expansion bzw. der Entspannung; photographische Emulsionen hingegen sind ständig und über lange Zeiträume hinweg aufnahmebereit. Mit ihrer Hilfe war es möglich, Ereignisse der primären Höhenstrahlung und solare Protonen in großen Höhen (Ballonflüge, Raketenexperimente) über längere Zeiträume zu registrieren und in ihrer Intensitätsabhängigkeit von Vorgängen auf der Sonne zu studieren. Daraus konnten wieder Schlüsse über die biologische Bedeutung dieser Strahlungen für Flüge im erdnahen Raum und Fahrten in den Weltenraum gezogen werden.

4. Strahlung in Wechselwirkung mit Materie: Biologische Effekte

Schon Zellen, die Bausteine biologischer Systeme, sind komplizierte Gebilde. Im Durchschnitt etwa nur von der Größe eines Millionstels eines Regentropfens (SPONSLER), enthalten sie eine Unzahl von Molekülen der verschiedensten Art*. Diese sind in komplizierten Systemen angeordnet und organisiert; von ihrem reibungslosen Funktionieren — das wie eine Uhr ablaufen muß — hängt das Leben der Zelle ab.

Trifft nun auf eine Zelle energiereiche Strahlung und erzeugt, wo immer sie auf Atome und Moleküle stößt, als „primäres Ereignis" Ionen und Ionenpaare, so sind diese Sand im Räderwerk der Zelle. Die ionisierten Atome und Moleküle unterscheiden sich wesentlich von normalen Atomen und Molekülen. Sie sind etwas Neues, in der Zelle zuvor nie Dagewesenes. Chemisch außerordentlich aktiv und angriffslustig, rufen sie Veränderungen auf molekularer Ebene hervor, die im biologischen System zum

---

* In einer Durchschnittszelle ist nach SPONSLER Platz für 64 Trillionen Traubenzuckermoleküle (eine Person, die jede Sekunde ein Molekül zählt, würde 2 Millionen Jahre brauchen, um sie zu zählen), für etwa 60 Milliarden Eiweißmoleküle durchschnittlicher Größe und für etwa 500 Millionen schwerer Eiweißmoleküle.

Tabelle 4. *Schema der durch das primäre Ereignis ausgelösten Strahlenreaktionskette*

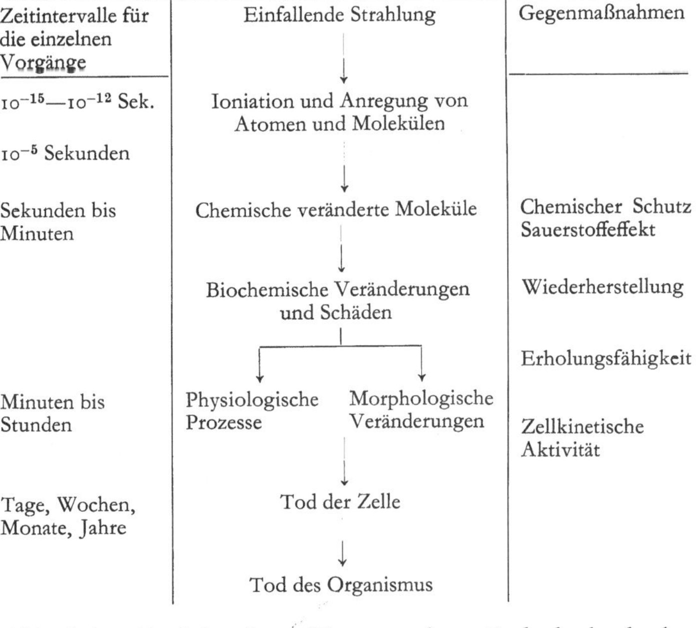

Ablauf einer Reaktionskette führen, an deren Ende der beobachtbare biologische Effekt steht: z. B. Hemmung der Protoplasmaströmung, Koagulation von Eiweiß, Viskositätsänderungen, Änderung von Membrandurchlässigkeit, Hemmung der Zellteilung, Bruch eines Chromosomes, Mutation eines Gens, Hemmung der Atmung und schließlich Tod des Systems. In einem Schema dargestellt, spielen sich die Vorgänge in Anlehnung an eine Darstellung von BACQ und ALEXANDER etwa so ab, wie sie Tabelle 4 in vereinfachter Form zeigt.

Bekannt sind in diesem Schema bisher nur das primäre Ereignis — Anregung und Ionisation von Atomen und Molekülen — und der beobachtbare biologische Endeffekt. Wenig ist bekannt über die Kette der Zwischenreaktionen, die vom primären Ereignis zum Endeffekt führen. In manchen Fällen läuft diese Kette schnell ab (akuter oder Früheffekt); in anderen Fällen mögen Wochen, Monate, Jahre vergehen, bevor der biologische Effekt in Erscheinung tritt (verzögerter oder Späteffekt). Vorhersagen sind schwer, da neben der Zufälligkeit der Ereignisse in der Kette auch das „Gegenspiel" des getroffenen Systems nach Wahrscheinlichkeitsgesetzen verläuft. Strahleneffekte sind statistischer Natur, unspezifisch und ungezielt — im Gegensatz zu Drogen und Medikamenten, mit denen spezifische Effekte erreicht werden können.

Größe und Ausmaß des biologischen Strahleneffektes hängen von der Strahlenmenge — von der Strahlendosis — ab, die dem biologischen System verabreicht wird. Für viele biologische Effekte sind die Beziehungen zwischen Strahlendosis und Strahleneffekt quantitativ gut bekannt; für viele sind sie nur qualitativ dokumentiert.

Strahleneffekte qualitativ

Somatische Effekte: Diese lassen sich leicht in Zellen, Zellkomplexen, Organen und in ganzkörperbestrahlten Individuen demonstrieren. Abb. 11 zeigt Blutkörperchen eines Frosches sofort nach und 24 Stunden nach Bestrahlung des Tieres mit einer relativ hohen Strahlendosis. Sofort nach der Bestrahlung schrumpfen die Zellen und zeigen geringe Veränderungen im Zellplasma und in den Kernen; 24 Stunden später sind die Zellen zum Teil stark geschwollen; Strukturen in Kern und Plasma (z. B. Vakuolen) werden sichtbar, und Kernzerfall tritt ein.

Ein ähnliches Verhalten ist in bestrahlten pflanzlichen Objekten zu beobachten, wie z. B. in der Epidermis der Küchenzwiebel, *Allium cepa.* Hier treten die Veränderungen in Plasma und Kern vielleicht noch deutlicher in Erscheinung, wobei zu betonen ist, daß der Strahlenschaden zuerst im Plasma auftritt und der Kern nur Schaden zeigt, wenn er nahe der Zellwand liegt; was besonders schön zu demonstrieren ist, wenn mit dem Fluorochrom Acridinorange gefärbt wird.

Unterschiede in der Strahlenempfindlichkeit von Zellkern und Zellplasma sind für viele Systeme bekannt. Im allgemeinen sind in teilungsfähigen Zellen die Kerne empfindlicher als das Plasma, während für differenzierte Zellen das Umgekehrte gilt. Fest steht, daß der mitotische Prozeß, also die Zellteilung, außerordentlich empfindlich gegen Strahlung ist. Nicht nur Hemmung der Zellteilung tritt nach Bestrahlung ein, sondern der mitotische Vorgang selbst, die gleichmäßige Verteilung des Chromosomen-

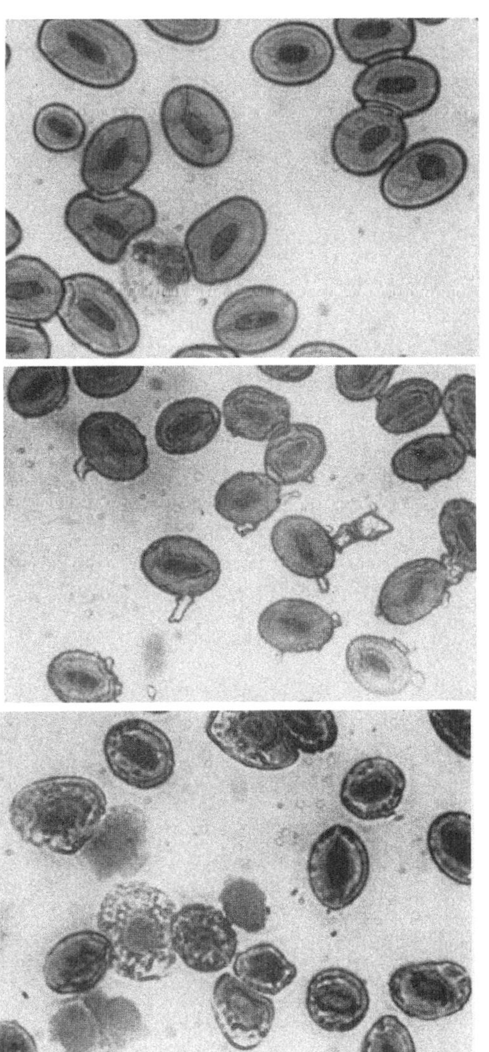

Abb. 11. Blutbildveränderungen nach der Lokalbestrahlung eines Frosch-
schenkels. Oben: vor der Bestrahlung; Mitte: unmittelbar nach; unten:
24 Stunden nach der Bestrahlung

materials auf die entstehenden Tochterzellen, wird beeinflußt. Chromosomenschäden der verschiedensten Art treten in bestrahlten Zellen auf: Brüche von Chromosomen, Absprengung von

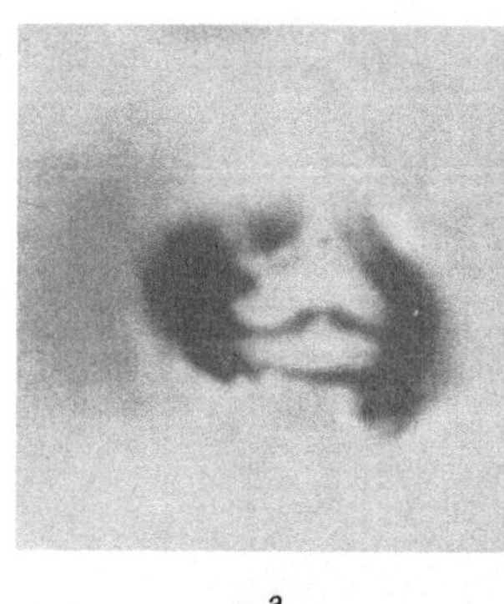

a
b

Abb. 12. Chromosomschäden in der Hornhaut des Rattenauges nach Röntgenbestrahlung. Links: Früheffekt: Verklebung der Chromosomen; rechts: Späteffekt: Fragment- und Brückenbildung

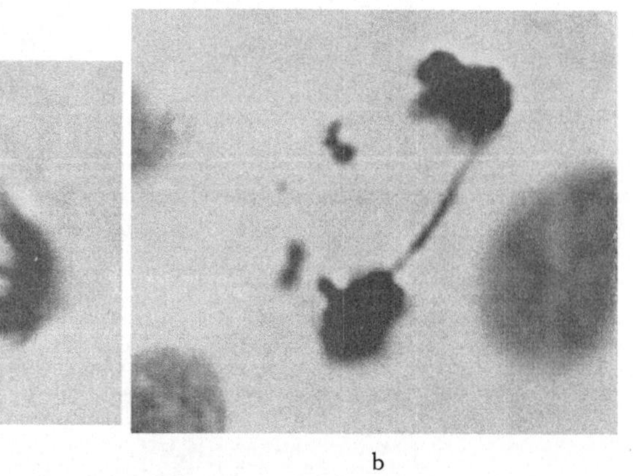

Abb. 13. Strahlenkranke Maus

Chromosomstücken, Brückenbildung, Verklebungen des Chromosomenmaterials, so daß die neuen Tochterzellen entweder zu viel oder zu wenig Chromosomensubstanz (Kernsäure) enthalten. Sie können in der Folge keine normalen Teilungen mehr ausführen und gehen bald — und wenn das in großem Maße geschieht, mit ihnen der Organismus — zugrunde. Abb. 12 bringt zwei Beispiele solcher Chromosomschädigungen, wie sie in der Hornhaut bestrahlter Ratten gefunden worden sind.

So geschädigte Zellen sind nicht mehr fähig, sich ordnungsgemäß weiter zu teilen. Nach ein oder zwei vergeblichen Versuchen versagen sie, und die Versorgung des bestrahlten Gewebes

a

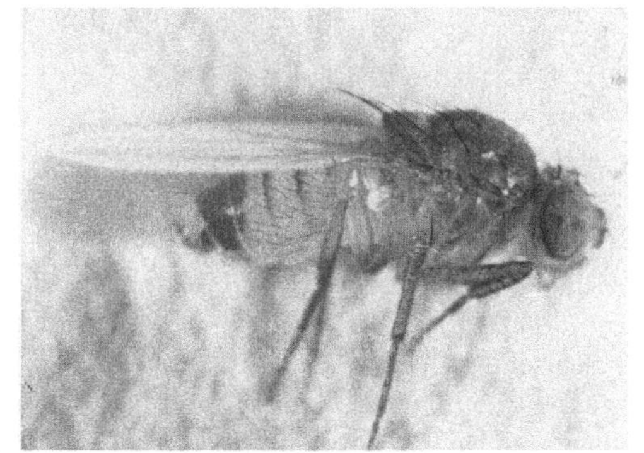

b

Abb. 14. Sichtbare, durch Röntgenstrahlen erzeugte Mutationen bei *Drosophila*. a) dominant — aufwärtsgebogener Flügel, b) dominant — Pigmentmutation mit annähernd männlicher Pigmentierung der Weibchen

oder Organes mit neuen, jungen Zellen gerät ins Stocken. In den Organen tritt im Laufe der Zeit eine Verarmung an Zellen, ein

Zellenschwund, ein, wie sich das leicht an histologischen Präparaten von Knochenmark und Milzgewebe demonstrieren läßt.

Gleichzeitige Schädigung vieler Organe zieht natürlich den ganzen Körper in Mitleidenschaft. Schon bald nach der Bestrahlung zeigen sich in dem bestrahlten Organismus, z. B. einer Maus,

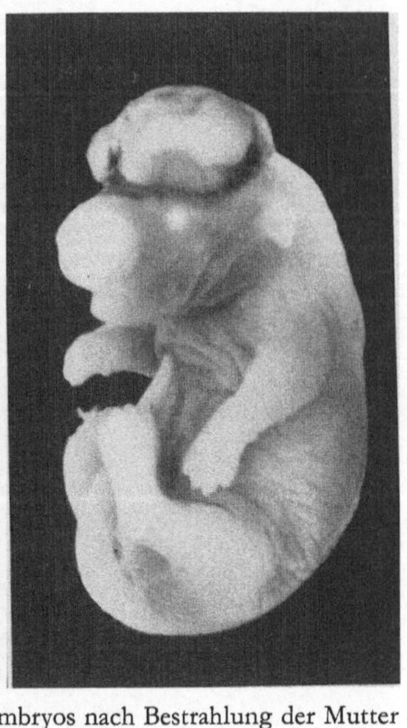
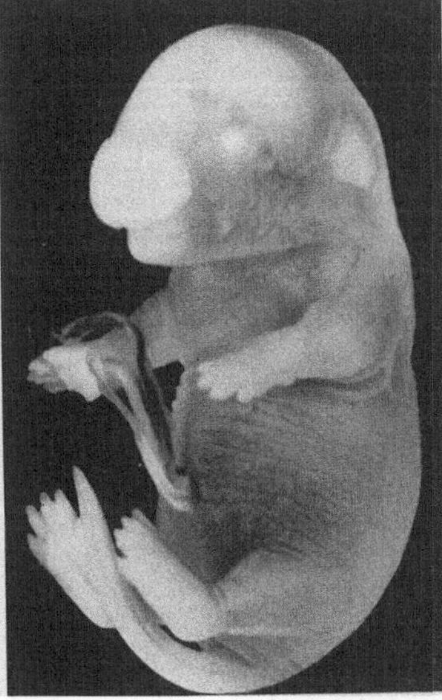

Abb. 15. Mißbildung des wachsenden Embryos nach Bestrahlung der Mutter am 10. Tage nach der Befruchtung. Links: normaler Fetus; rechts: Fetus mit Exenzephalie

typische Zeichen der Strahlenkrankheit: struppiges Fell, entzündete Augen, verkrampfte Körperhaltung, Freßunlust, Durchfall, Gewichtsverlust und unter Umständen Tod (Abb. 13).

Genetische Effekte: Strahlenerzeugte genetische Effekte — zuerst an der Taufliege *Drosophila* beobachtet — treten nach Bestrahlung der Eltern (Keimdrüsen) in nachfolgenden Generationen auf. Sie können der verschiedensten Art sein, wie aus der Abb. 14 zu ersehen, die einige sichtbare, durch Bestrahlung erzeugte Mutationen bei *Drosophila* wiedergibt. Auch Pflanzen mutieren nach Bestrahlung, wie sehr früh schon an Mais gezeigt worden ist. Solche Mutationen spielen eine große Rolle in der Landwirtschaft bei der Züchtung von Getreidearten, wenn es z. B. darum geht, bessere Eigenschaften in bezug auf Frostbeständigkeit, Ertragsfähigkeit und Widerstand gegen Krankheiten zu erzielen.

Nicht zu Mutationen gehörend, aber in ihrem Aussehen Mutationen sehr ähnelnd, sind die Mißbildungen der Leibesfrucht, die durch Bestrahlung der Mutter zu bestimmten kritischen Zeiten nach der Empfängnis auftreten. Man bezeichnet sie als „Phänokopie“ und nennt sie heute in einem Atemzug mit den echten Mutationen. Für Mäuse liegt die kritische Zeit zur Schädigung der wichtigsten Organanlagen zwischen dem 2. und dem 10. Tag nach der Befruchtung. Für den Menschen liegen verständlicherweise nur Schätzungen vor. Diese umspannen Zeiträume von „sofort nach“, „2 bis 6 Wochen nach“ und „12 bis 18 Wochen nach“ der Empfängnis, enthalten also einen großen Unsicherheitsfaktor. Abb. 15 bringt — als ein Beispiel unter vielen aus der Literatur — die Mißbildungen eines Mausembryos nach Bestrahlung der Mutter am 10. Tage der Trächtigkeitsperiode.

Strahleneffekte quantitativ

Wieviel Strahlung, welche Strahlendosen sind nötig, um Effekte zu erzielen, wie sie der vorige Abschnitt zeigt? Erstaunlicherweise sind diese Strahlendosen, energiemäßig betrachtet, sehr klein, wie sich an einem klassischen Beispiel zeigen läßt. Dieses Beispiel vergleicht die Wirkung ein- und derselben Energiemenge auf den menschlichen Körper, wenn sie einmal in Form von Wärmeenergie und das andere Mal in Form von Röntgenstrahlung dem Körper zugeführt wird. Wird die Energie dem Körper in Form eines Teelöffels heißen Wassers gegeben, dann ist sie absolut harmlos; wird sie aber in Form ionisierender Strahlung dem Körper verabreicht, so wird der Mensch sehr krank und muß unter Umständen sterben.

Dieses Beispiel läßt sich leicht zahlenmäßig belegen, wenn Einheiten zur Messung von Strahlendosen festgelegt sind.

Zur Zeit sind zwei Einheiten zur Messung von Strahlendosen international in Gebrauch: das „Röntgen“ und das „Rad“.

Das Röntgen, mit R bezeichnet, ist die Einheit der Bestrahlungsdosis (exposure dose). Es beruht auf der Ionisation der Luft durch Röntgenstrahlen oder Gammastrahlen. Ein R erzeugt $1{,}61 \times 10^{12}$

Ionenpaare in einem Gramm Luft bei $0°$ und 760 mm Luftdruck. Die Energie zur Erzeugung dieser Anzahl von Ionenpaaren — das Energieäquivalent des Röntgen in Luft — beträgt rund 88 erg per Gramm Luft.

Das Rad (*r*adiation *a*bsorbed *d*ose), mit Rad bezeichnet, ist die Einheit der Energiedosis. Das Rad gilt für jede beliebige ionisierende Strahlung und für jeden beliebigen Stoff. Ein Rad entspricht einer Energieabsorption von 100 erg per Gramm irgendeines beliebigen Materials.

Mit Hilfe dieser Einheiten läßt sich nun das klassische Beispiel der Strahlenbiologie leicht beweisen. Nimmt man an, daß ein 70 kg schwerer Mensch mit 500 Rad Röntgenstrahlen ganzkörperbestrahlt wird, dann werden seinem Körper $70\,000 \times 500 \times 100$ erg $= 35 \times 10^8$ erg zugeführt. Da ein erg — in Wärmeeinheiten ausgedrückt — $2{,}4 \times 10^{-8}$ cal entspricht — der Leser möge geduldig diese Zahlen über sich ergehen lassen, aber dafür um so mehr am Endresultat interessiert sein — sind 35×10^8 erg gleich $35 \times 10^8 \times 2{,}4 \times 10^{-8} =$ rund 84 cal, die dem Menschen in Form von Röntgenstrahlen verabreicht werden. Und diese 84 cal — in einem Teelöffel normal heißen Wassers sind etwa 90 cal enthalten — töten den Menschen mit 50% Wahrscheinlichkeit innerhalb von 30 Tagen, während der Teelöffel heißen Wassers unschädlich ist.

Was für ein Effekt ionisierender Strahlen entsteht — und wie kommt er zustande?

Schon früh hat einmal LACASSAGNE — in Beantwortung dieser Frage — auf die einzigartige Weise hingewiesen, in der energiereiche Strahlen in biologische Systeme eindringen und dort die zu beobachtenden Effekte auslösen. Wie kein anderes Mittel durchqueren sie über alle Hindernisse hinweg, ohne Rücksicht auf zelluläre oder intrazelluläre Räume, auf Zellmembranen, Kernmembranen oder sonstige Barrieren, das Gefüge der Zellen und Zellkomplexe und erzeugen längs ihres Weges Ionen, die als Urheber allen Strahlenschadens anzusehen sind. Verschieden in ihren Abständen voneinander und verschieden in ihrer Zahl — mal einzelne, mal mehrere in Ionenhäufchen, mal viele in Form von Ionenklümpchen — geben diese Ionen dort, wo sie erzeugt werden, Energie an das getroffene System ab, die zu den beobachtbaren

Strahleneffekten führt: in Kristallen zur Bildung von Farbzentren; in geeigneten chemischen Systemen zu Polymerisationen; in biologischen Systemen über die Strahlenreaktionskette (S. 21) zu Koagulation von Eiweiß, Verkleben von Chromosomen, Bruch von Chromosomen und all den anderen früher schon erwähnten Veränderungen.

Noch gibt es keine Methode, dieses einzigartige Eindringen ionisierender Strahlen in Gewebe und die Verteilung der erzeugten Ionen entlang des Weges, den der Strahl genommen hat, direkt sichtbar zu machen. Durch Photomontage von Nebelkammeraufnahmen mit Mikrophotographien von Bakterienkulturen und histologischen Präparaten hat man versucht, eine angenäherte Vorstellung vom Verlauf mittelharter Elektronen und Röntgenstrahlen in Gewebe zu vermitteln — wobei allerdings immer die Frage auftaucht, inwieweit Vorgänge des Abbaus der Elektronenenergie in Gasen auf Gewebe (Wasser) übertragen werden können.

Mit der Erfindung der Blasenkammer haben sich neue Möglichkeiten ergeben, den Verlauf energiereicher Strahlen in Gewebe maßstabgerecht und winkelgetreu zu veranschaulichen. Man braucht dazu nur die Blasenkammeraufnahme eines energiereichen Strahles in einer geeigneten Kammerflüssigkeit auf die Photographie eines geeigneten biologischen Objektes zu übertragen.

Wir haben zu diesem Zweck die Blasenkammeraufnahme eines schmalen 7,7-MeV-Elektronenbündels in Propan ($C_3 H_8$) gewählt, die leicht, unter Berücksichtigung der geringen Unterschiede in der Dichte und dem Ordnungszahlverhältnis von Propan und Wasser* (0,43 : 1 und 0,72), auf Wasser übertragen werden kann. Nach den diesbezüglichen Rechnungen von HARDER und Mitarbeitern entspricht die Bahnspur in Abb. 16a — so wie sie ist — dem Verlauf eines schmalen Elektronenbündels, das mit einer Energie von 10,7 MeV in Wasser eintritt und in Wasser eine Reichweite von 6 cm hat. Überlagert man also die Bahnspur von Abb. 16a einem geeigneten Tierkörper, so sagt die Photomontage, wie sich ein 10,7-MeV-Elektronenbündel in bezug auf Winkelverteilung und Reichweite im Tierkörper verhält. Dies

______

* Für praktische Zwecke wird Wasser, das ungefähr dieselbe Dichte und nahezu die gleiche effektive Ordnungszahl wie weiches Gewebe hat, als Modellsubstanz für Gewebe genommen.

ist in Abb. 16b getan, in welcher der gewählte Tierkörper — dessen Inneres autoradiographisch sichtbar gemacht worden ist — etwa 14 cm lang und 6 cm hoch ist, so daß das Elektronenbündel ihn in seiner ganzen Höhe durchsetzt.

Die Photomontage zeigt, wie unregelmäßig, rein nach den Gesetzen des Zufalls verteilt, das Elektronenbündel den Tierkörper

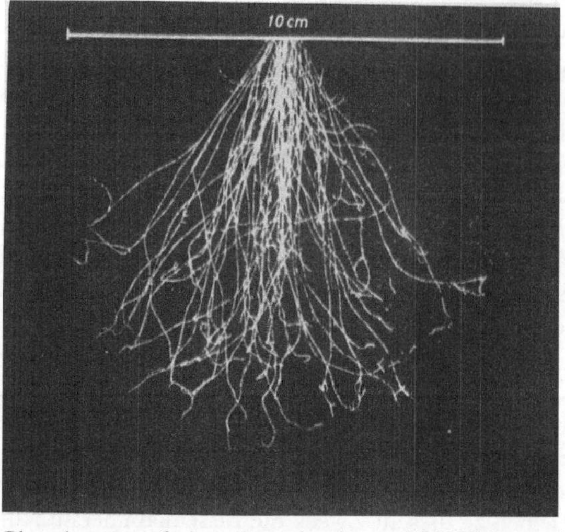

Abb. 16a. Blasenkammeraufnahme eines schmalen 7,7-MeV-Elektronenbündels in flüssigem Propan, die nach Korrektur für die Unterschiede in Dichte und effektiver Ordnungszahl für Propan und Wasser dem Verlauf eines 10,7-MeV-Elektronenbündels mit 6 cm Reichweite in Wasser entspricht

durchdringt. Die Winkelverteilung erfolgt nach Wahrscheinlichkeitsgesetzen, und die Verteilung der Ionisationsakte entlang den einzelnen Bahnen wird von den Gesetzen der Statistik beherrscht. Mal in kleinen oder größeren Gruppen, mal in Häufchen oder Klümpchen treten die Ionen tief im Gewebe auf und erzeugen dort die biologischen Effekte, auf deren Einzigartigkeit LACASSAGNE so treffend hingewiesen hat.

Strahleneffekte werden quantitativ in Form von Dosis-Effekt-Kurven wiedergegeben, in denen auf der X-Achse eines normalen Koordinatensystems die Dosis und auf der Y-Achse die Größe des erzielten Strahleneffektes — was immer der Effekt sein mag —

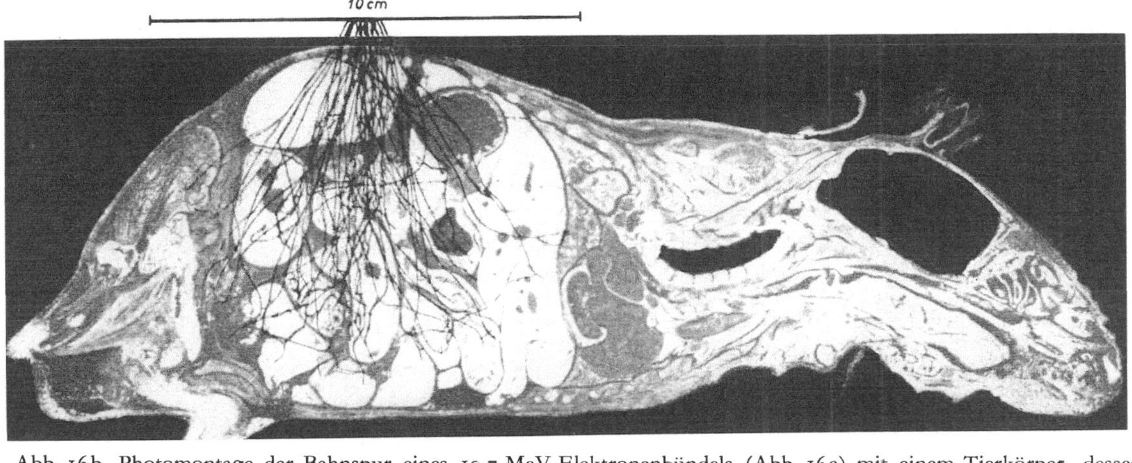

Abb. 16b. Photomontage der Bahnspur eines 10,7-MeV-Elektronenbündels (Abb. 16a) mit einem Tierkörper, dessen Inneres nach Einführung einer radioaktiven Substanz sichtbar gemacht worden ist

aufgetragen sind. Prinzipiell kann jede Reaktion eines biologischen
Systems auf Strahlung als Maß für die Größe des Effektes genommen werden, vorausgesetzt, die Reaktion ist eindeutig, klar er-
kenn- und reproduzierbar. In vielen Fällen wird der Tod der
bestrahlten Versuchsorganismen als Testreaktion genommen. Dies
war in der Frühzeit strahlenbiologischer Forschung durchweg der
Fall, als Viren, Phagen, Gene, Chromosomen sowie Keimlinge,

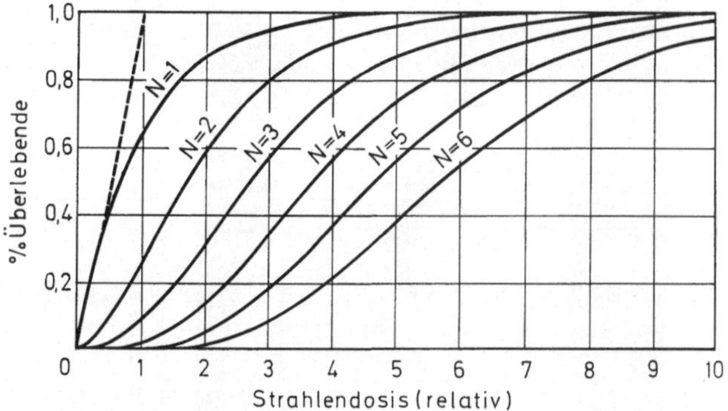

Abb. 17. Dosis-Effekt-Kurve für überlebende Organismen in Abhängigkeit
von der Dosis und der Trefferzahl N.

Eier, Puppen und Gewebskulturen (Hühnerfibrioblasten) die Objekte der Wahl waren. Solche Versuche führen zu S-förmigen,
sigmoiden Kurven, wie sie in Abb. 17 wiedergegeben sind. Ihr
Verlauf wird von der Anzahl der Treffer (Energiedepots) bestimmt, die nötig sind, die jeweils in Frage kommenden Organismen zu töten.

Der erste Versuch, diese Kurven auf quantenphysikalischer
Grundlage nach Wahrscheinlichkeitsgesetzen zu deuten (F. Dessauer und Mitarbeiter), führte zur Aufstellung der „Treffertheorie der biologischen Strahlenwirkung". Diese Theorie, viel
umstritten und angegriffen, immer aber — wenn auch in etwas
abgeänderter oder ergänzter Form — sich durchsetzend, unter-
wirft die experimentell gefundenen Dosis-Effekt-Kurven einer
rein statistischen Behandlung. Im biologischen Objekt gibt es —
nach der Treffertheorie — einen „empfindlichen Bereich", und
nur, wenn dieser Bereich von „Quanten" oder „Korpuskeln"

getroffen wird, tritt der biologische Effekt ein, wobei je nach der
Art und Natur des biologischen Objektes ein oder mehrere „Treffer" zur Erzeugung des Effektes notwendig sind. Die Treffertheorie — als rein formale physikalische Theorie — sagt nichts
über die biologische Natur des Treffers. Sie behandelt die
einzelnen Ereignisse als statistisch unabhängige Vorgänge, als
Poissonprozesse, und gelangt so zu einer Formel, die den Verlauf
der Dosis-Effekt-Kurven in Abhängigkeit von der Trefferzahl gut
wiedergibt.

Diese rein formale Deutung der Dosis-Effekt-Kurven hat natürlich immer wieder die Frage nach dem biologischen Inhalt der
Theorie, nach dem Wesen des Treffers und des empfindlichen Bereiches aufgeworfen, was zu anregenden Diskussionen über den
oder die Wirkungsmechanismen biologischer Strahleneffekte geführt hat. Unter ihnen nimmt heute — neben der Betonung der
Kinetik strahlenbiologischer Ereignisse — die Deutung des gesamten Strahlenreaktionsschemas (Tabelle 4) nach der „Lehre von
den zufälligen Ereignissen", der Stochastik, eine besondere Stellung ein. In einer kritischen Periode strahlenbiologischer Forschung, in der die Einreihung der mannigfaltigen experimentellen
Beobachtungen in ein „traditionelles Schema" nicht mehr möglich
ist, zeigt dieser Deutungsversuch neue Wege zum Verständnis
strahlenbiologischer Effekte, indem er die Zufälligkeit spontaner
Entgleisungen in den vielen Prozessen betont, die sich in der
Reaktionskette zwischen dem primären Ereignis und dem beobachtbaren Endeffekt abspielen.

In dieser modernen Deutung des gesamten Strahlenreaktionsschemas nach der Lehre der zufälligen Ereignisse findet die klassische Treffertheorie als erster Schritt einer stochastischen Deutung strahlenbiologischer Effekte ihren Platz.

Die LD 50/30 und die Strahlenempfindlichkeit der Arten

In Anlehnung an die in der Pharmakologie übliche Methode
zur Bestimmung der Giftigkeit von Drogen und Medikamenten
wird seit dem zweiten Weltkrieg die „Giftigkeit" einer Strahlung für ganzkörperbestrahlte Systeme weitgehend auf dieselbe
Weise bestimmt. Man wählte dazu aus technischen und wirtschaftlichen Gründen die Dosis, die 50% der bestrahlten Individuen

innerhalb von 30 Tagen nach der Bestrahlung tötet — die LD 50/30 — als das Testkriterium. Abb. 18 zeigt eine solche Dosis-Mortalitätskurve für weiße Mäuse, in der die Sterblichkeit der bestrahlten Tiere in Abhängigkeit von der verabreichten Dosis aufgetragen ist. Aus ihr läßt sich leicht, wie in der Abbildung

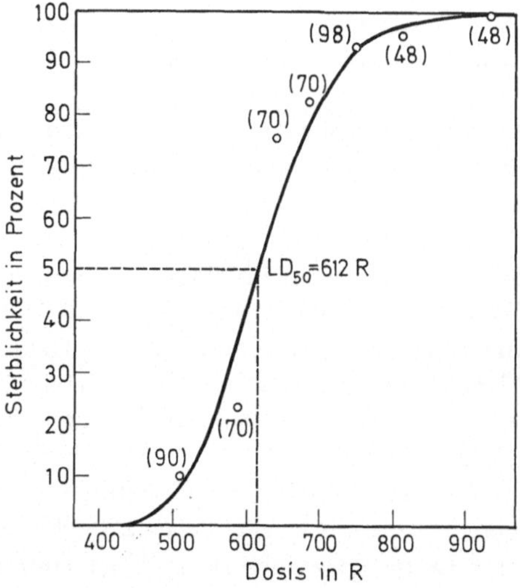

Abb. 18. Dosis-Mortalitäts-Kurve für weiße Mäuse, berechnet nach Daten von LANGENDORFF und Mitarbeitern

angedeutet, die LD 50 bestimmen, indem man den 50%igen Sterblichkeitswert auf die Kurve und von da auf die Abszisse projiziert. Für den hier benutzten Mausstamm ergibt sich die 50%ig tödliche Dosis zu 612 R.

Für andere Lebewesen sind nach derselben Methode LD 50/30-Werte gefunden worden, wie sie in Tabelle 5 wiedergegeben sind. Für den Menschen liegen keine direkten Messungen vor. Schätzungen gehen von 250 R bis 450 R und mehr.

Die in Tabelle 5 angeführten Werte für die Empfindlichkeit der Arten umfassen einen Bereich von einigen hundert R bis zu vielen tausend R. Nimmt man sehr empfindliche Systeme, wie den Pilz *Phycomyces blakesleeanus*, dazu, so umfaßt die Empfindlichkeitsskala 6 bis 7 Zehnerpotenzen. Aber selbst in ein und derselben Gruppe zeigen sich beträchtliche Unterschiede, die durch verschiedene Faktoren bedingt sind. Alter und Geschlecht, Temperatur und Jahreszeit, Sauerstoffversorgung, Stoffwechsellage, Trauma und körperliche Anstrengung, sowie genetische Faktoren spielen bei der Reaktion auf Strahlung eine Rolle.

Junge Tiere sind empfindlicher als alte Tiere, gehen mit steigendem Alter durch eine Periode ausgesprochener Strahlenresistenz und werden wieder empfindlicher in vorgeschrittenem Alter. Im Winterschlaf — also zur Zeit erniedrigter Stoffwechseltätigkeit — bestrahlte Tiere zeigen zunächst keinen Strahlenschaden. Erst wenn sie erwachen und die Stoffwechseltätigkeit wieder zur Norm zurückkehrt, sterben sie, so, als ob sie gerade zur Zeit des Erwachens bestrahlt worden wären.

Die Strahlenempfindlichkeit eines Organismus hängt sehr von der Sauerstoffversorgung während der Bestrahlung ab. Erhöhung der Sauerstoffkonzentration steigert, wie Abb. 19 erkennen läßt, die Empfindlichkeit bedeutend.

Anstrengende Tätigkeit, wie körperliche Übungen, längeres Schwimmen, führen zu Änderungen der Strahlenresistenz, wobei es nicht gleichgültig ist, ob diese Anstrengungen vor, während oder nach der Bestrahlung liegen. Dasselbe gilt für Kombinationsschäden, bei denen z. B. Strahlung und Verbrennung oder Strahlung und Verwundung gegeben werden. So zeigen nach den systematischen Untersuchungen von LANGENDORFF, MELCHING,

Tabelle 5. *LD 50/30-Dosen für verschiedene Lebewesen nach Bestrahlung mit Röntgenstrahlen oder Gammastrahlen*

Lebewesen	Dosis in Röntgen
Schwein	380—510
Ziege	350
Hund	280—312
Affe	500—760
Meerschweinchen	330—400
Maus	360—400
Ratte	790—820
Wildmaus (Perognathus)	900—1300
Huhn	600—800
Schildkröte	800—1500
Goldfisch	2530
Schnecken	800—20000
Taufliege (Drosophila)	
Erwachsen	45000—60000
Puppen	2800
Eier (4 Stunden alt)	500
Ameisen	45000—90000
Hefe	30000
B. Mesentericus	150000
Paramecium	350000
Mikrokokkus radiodurans	500000

MESSERSCHMIDT und Mitarbeitern Tiere, denen zwei Tage nach einer Bestrahlung eine Wunde gesetzt wird, eine erhöhte Sterblichkeit gegenüber Kontrolltieren, die nur bestrahlt worden sind. Mäuse, mit 500 R bestrahlt, zeigen eine Sterblichkeit von 24%; bestrahlt man die Tiere aber mit derselben Dosis und setzt zwei Tage nach der Bestrahlung eine Hautwunde von etwa einem Zentimeter Durchmesser, so sterben 90% der behandelten Tiere. Überraschenderweise beeinflußt Verwundung vor der Bestrahlung die

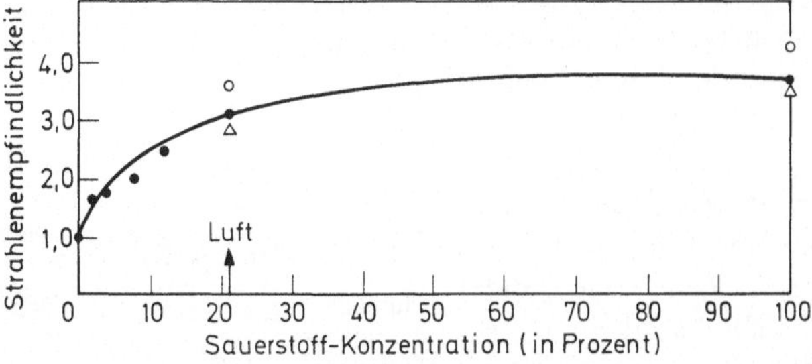

Abb. 19. Einfluß der Sauerstoffkonzentration auf die Strahlenempfindlichkeit. ● Ascites Tumorzellen; △ Vicia faba Wurzelspitzen; o Tradescantia Pollenkörner

Strahlenempfindlichkeit wenig, und wenn, dann mit der Tendenz einer Verminderung anstatt einer Erhöhung der Empfindlichkeit.

Neben den zitierten biologisch-physiologischen Faktoren beeinflussen auch noch physikalische Faktoren das Ausmaß und den Verlauf des Strahlenschadens. Diese Faktoren sind die Dosisleistung und das „spezifische Ionisationsvermögen" der Strahlung.

Eine bestimmte Strahlendosis mit hoher Dosisleistung verabreicht, ruft einen größeren Strahleneffekt hervor als Verabreichung derselben Dosis mit geringerer Dosisleistung. Akute Bestrahlung mit einer hohen Dosisleistung in kurzer Zeit ist — bei derselben Gesamtdosis — wirksamer als chronische Bestrahlung mit geringerer Dosisleistung über einen entsprechend längeren Zeitraum, und zwar deshalb, weil im bestrahlten System gegenläufige Erholungs- und Wiederherstellungsprozesse vor sich gehen, die sich über längere Zeiträume mehr bemerkbar machen als über kurze (Zeitfaktor). Umgekehrt, wenn ein und derselbe Effekt in Frage kommt, dann muß bei geringerer Dosisleistung eine größere Gesamtdosis verabreicht werden, wie aus Tabelle 6 ersichtlich.

Tabelle 6. *Überlebenszeit weißer Mäuse in ihrer Beziehung zu Dosisleistung und Gesamtdosis* (nach W. ANGERSTEIN)

Dosisleistung in R/min	Gesamtdosis zur Erzielung des Effektes	Effekt Überlebenszeit in Tagen
139,5	620	14,3
75,2	635	12,1
70,8	642	15,4
50,3	690	13,4
19,9	734	13,7
11,7	787	13,8
6,2	835	15,8
3,1	831	14,3
1,3	987	14,4

Dies gilt auch für den Menschen, wie Schätzungen von LANG-HAM zeigen (Tabelle 7).

Von der Art der Strahlung hängt der biologische Effekt insofern ab, als die verschiedenen Strahlenarten ein ungleiches Ionisations-vermögen besitzen, d. h. die Anzahl von Ionen per Weglängeneinheit (z. B. per Mikrometer) ist verschieden. Alphastrahlen erzeugen, wie die Nebelkammerbilder erkennen lassen, viele Ionen per Mikrometer ihres Weges; Beta-, Röntgen- und Gammastrahlen wenige. Alphastrahlen geben deshalb auch mehr Energie an das getroffene System ab als die anderen Strahlen und haben einen größeren Energieumsatz. Man spricht von der relativen biologischen

Tabelle 7. *Einfluß der Dosisleistung auf die LD 50/30 des Menschen*

Dosisleistung in Rad/Stunde	LD 50/30 in Rad
100	450
10	450
1	600
0,7	800
0,5	1200

Tabelle 8. *RBW-Faktoren* (nach Empfehlungen des Internationalen Radiologenkongresses, Kopenhagen 1953)

Strahlung	RBW
Röntgenstrahlen	1
Gammastrahlen	1
Betastrahlen aller Energien	1
Schnelle Neutronen und Protonen bis 10 MeV	10
Natürlich vorkommende Alphastrahlen	10
Schwere Rückstoßkerne	20

Wirksamkeit einer Strahlung (RBW), bezogen auf die biologische Wirksamkeit einer 200-keV-Röntgenstrahlung, die gleich 1 gesetzt wird. Die international angenommenen Werte der RBW für verschiedene Strahlenarten zeigt Tabelle 8.

In Wirklichkeit liegen die Verhältnisse noch etwas komplizierter, da auch das biologische Objekt und die studierte Reaktion in die relativ biologische Wirkung einer Strahlung eingehen.

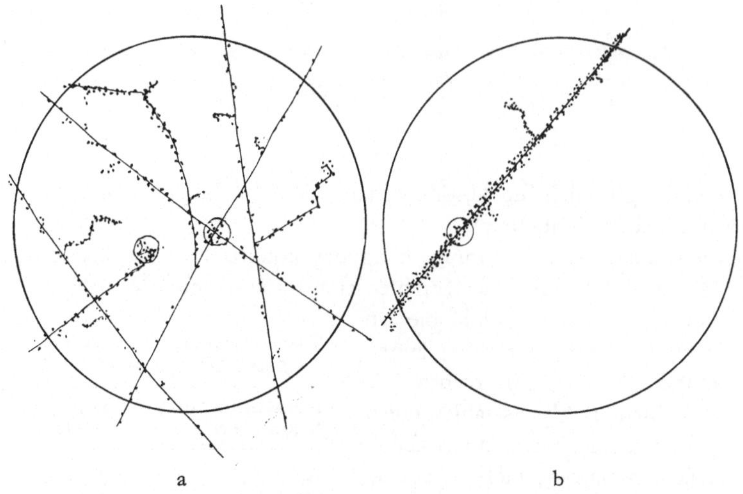

Abb. 20. Schematische Darstellung der Ionenverteilung in einem kleinen Zellvolumen nach Bestrahlung mit gleichen Dosen von Röntgenstrahlen (a) und Alphastrahlen (b)

Last not least hängt der biologische Effekt — neben der Ionisationsdichte der Strahlung — auch noch davon ab, wo und wie die Energieabgabe- und Energieübertragungsprozesse sich abspielen, ob auf makroskopischer, mikroskopischer oder submikroskopischer Ebene. Auf makroskopischer Ebene muß mit ungleicher Verteilung der Strahlung auf Grund der verschiedenen Dichte und Zusammensetzung der Gewebe (Muskel, Knochen) gerechnet werden; auf mikroskopischer Ebene kommen Verhältnisse in Frage, wie sie in den Grenzflächen zwischen Knochen und Gewebe bestehen, wo dicht am Knochen angelagerte Zellen von zusätzlichen Sekundärelektronen getroffen werden, und auf submikroskopischer Ebene ist es die Verteilung der Energieabgabeprozesse in den Mikrostrukturen der Zelle und ihrer Bestandteile: Plasma, Kern, Chondriosomen, Mitochondrien, die den biologischen Effekt beeinflußt.

In Abb. 20 werden zwei gleich große Zellvolumen mit gleichen Strahlendosen bestrahlt, im Falle A mit Röntgenstrahlen, im Falle B mit Alphastrahlen. Trotz gleicher Ionenzahl aber sind die biologischen Effekte auf Grund der verschiedenartigen Mikroverteilung der Ionen in den beiden Zellvolumen nicht gleich. Auf einem Symposium über „Biologische Effekte von Neutronen- und Protonenbestrahlung" im Jahre 1963 hat A. M. KELLERER die Situation so formuliert: „Während man dicht ionisierte Strahlung, die einen Kern durchquert, mit einem Ziegel vergleichen kann, der auf den Kopf der Zelle fällt, wird eine weniger dicht ionisierende Strahlung dadurch wirksam, daß sie die spontane, jedem System angeborene Labilität vergrößert."

Warum sind die Arten so verschieden empfindlich?

Im Laufe der Jahre sind viele Gründe für die große Verschiedenheit in der Strahlenempfindlichkeit der Arten — die viele Zehnerpotenzen beträgt — genannt worden. Mehr oder weniger großer Reichtum an Substanzen, die dem Ablauf der Strahlenreaktionskette wirkungsvoll entgegenarbeiten können; verschiedene Fähigkeit zur Erholung und zur Reparatur des Strahlenschadens, anatomische und physiologische Unterschiede (Atemsystem, blutbildendes System) und genetische Faktoren sind einige dieser Gründe. Sehr früh schon, 1906, haben BERGONIÉ und TRIBONDEAU ein Gesetz aufgestellt, nach dem die Empfindlichkeit von Zellen gegen Strahlung proportional zu ihrem Zellteilungsrhythmus und umgekehrt proportional zum Grade ihrer Differenzierung ist. Dieses Gesetz, das für viele biologische Systeme bestätigt worden ist, spielt gerade heute wieder in jede ernsthafte Diskussion über die Unterschiede in der Strahlenempfindlichkeit der Lebewesen hinein. Nach P. ALEXANDER (1966) sind Organismen strahlenempfindlich, wenn lebenswichtige Zellteilungen in verschiedenen Organen zahlreich vor sich gehen — was für Säuger und die Jugendstadien der Insekten gilt —, und sie sind strahlenwiderstandsfähig, wenn keine oder fast keine Zellteilungen im Organismus stattfinden, was z. B. weitgehend für ausgewachsene Insekten zutrifft. Mit der

Entwicklung von Methoden zur Kultur einzelner tierischer Zellen (Puck und Mitarbeiter, 1956) haben sich neue Möglichkeiten ergeben, entscheidende Beiträge zu diesem Problem zu liefern. Bevor wir auf diese Techniken eingehen, sollen in großen Zügen einige Phasen der Entwicklung des Problems „Strahlenempfindlichkeit" aufgezeigt werden.

Bond und Mitarbeiter haben als erste darauf hingewiesen, daß bei Säugetieren eine Beziehung zwischen der Größe des Tieres und seiner Empfindlichkeit besteht, insbesondere wenn die LD 50-Dosen in Rad im Innern des Tierkörpers gemessen werden. Für große Tiere liegen die LD 50-Werte zwischen 200—300 Rad; für kleine Tiere zwischen 500—800 Rad. Elefanten sind empfindlicher als Mäuse, insbesondere wenn man die 8,5 g schwere Wildmaus *Perognathus* miteinbezieht, deren LD 50 zwischen 1100 R und 1300 R liegt.

Eine ähnliche Beziehung läßt sich für Insekten nachweisen, wenn das Durchschnittskörpergewicht der Insektenart als Maß genommen wird (Tabelle 9).

Tabelle 9. *Körpergewicht und Strahlenempfindlichkeit verschiedener Insektenarten* (nach Cole, LaBrecque und Burden)

Insektenart	Gewicht in mg	LD 50/24 Stunden
Pharaoameisen	1,20	190000
Körperlaus	1,36	180000
Wanze	4,37	150000
Hausfliege	21,00	110000
Deutsche Küchenschwabe	81,77	70000
Amerikanische Küchenschwabe	1148,00	50000

In beiden Fällen ist jedoch die Frage offen, welches System im Tierkörper für die Abhängigkeit der Strahlenempfindlichkeit von der Körpergröße verantwortlich ist.

Eine Antwort darauf könnte in den ausgedehnten Versuchen mit Pflanzen gesehen werden, die im Brookhaven National Laboratory ausgeführt worden sind. Sie zeigen eine Abhängigkeit der Strahlenempfindlichkeit von Pflanzen von der Größe ihrer Zellkerne, und in Weiterverfolgung dieser Befunde eine Abhängigkeit der Empfindlichkeit vom Desoxyribonukleinsäuregehalt der Kerne. Mit der Zunahme des DNS-Gehaltes der Kerne steigt die Empfindlichkeit der Pflanze, wie Abb. 21 für sechs verschiedene Pflanzenarten demonstriert: *Chlorella, Scenedesmus, Arabidopsis, Glycine, Vicia* und *Lilium*. Erstaunlicherweise ordnen sich auch andere Lebewesen in diesen Befund ein, wenn man den Kernsäuregehalt ihrer Kerne auf die Dosis bezieht, die starke Hemmung

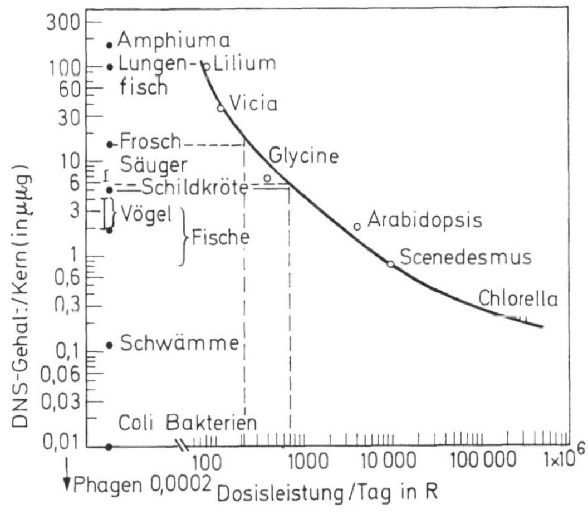

Abb. 21. Zusammenhang zwischen DNS-Gehalt diploider Kerne und der täglichen Dosis, die schwere Wachstumshemmungen hervorruft für sechs Pflanzenarten. DNS-Werte für eine Anzahl von Mikroorganismen und Tiere sind entlang der Ordinate aufgetragen

der Zellteilung bedingt. SPARROW und Mitarbeiter haben dazu in Abb. 21 auf der Y-Achse die Kernsäuregehaltwerte für verschiedene Lebewesen aufgetragen — und in der Tat führt Projektion dieser Werte über die Pflanzenkurve auf die X-Achse zu recht guten LD 50-Werten (PUCK) für die verschiedenen Arten. Damit wird deutlich die Annahme von TERZI bestätigt, der 1961 schon versucht hat, den Kernsäuregehalt der Kerne vieler Organismen — von Viren bis zu Meerschweinchen und Mensch — mit der Dosis, die 37% Schädigung hervorruft (D_0), in Beziehung zu setzen. Nach TERZIS Tabelle z. B. beträgt die D_0 für Viren mit einem Kernsäuregehalt von 2×10^6 Molekulargewichtseinheiten rund $1,8 \times 10^5$ R, während sie für das

Meerschweinchen mit einem Kernsäuregehalt von 5×10^{12} Molekulargewichtseinheiten einige hundert R beträgt.

Kernsäuregehalt und Chromosomen sind aber eng verknüpft, und so war es ein großer Schritt vorwärts, als Puck und Mitarbeiter mit den neuen Methoden der Kultur einzelner tierischer Zellen die große Empfindlichkeit des mitotischen Prozesses solcher Zellen direkt quantitativ demonstrieren konnten. Nach ihren Untersuchungen — heute viele tausend Male von anderen Forschern bestätigt — genügen schon 50 bis 75 R, um schwere Chromosomenschäden in solchen Zellen hervorzurufen. Die folgenden Abbildungen 22a und 22b veranschaulichen derartige Schäden in Form von Brüchen, Translokationen und Ringchromosomen, wie sie von Puck in menschlichen Zellen gefunden worden sind.

Natürlich stirbt die Zelle nicht sofort. Sie hat zwar beträchtlichen Chromosomenschaden erlitten, aber ihre physiologischen Funktionen laufen noch weiter. Erst wenn die Zeit der nächsten Teilung kommt, und die Zelle zwei normale Tochterzellen, die selbst wieder normale Teilungen auszuführen imstande sind, erzeugen soll, versagt sie. Eine normale Produktion neuer Zellen kann nicht stattfinden. Die bei der Teilung erzeugten neuen Zellen werden defekt sein und selbst bald versagen. Im großen gesehen bedeutet das, daß die Reproduktionsfähigkeit der Zellen des Systems sinkt; der Ersatz alter, verbrauchter Zellen durch neue Zellen stockt, und bald stirbt das System — wie Puck es nennt — „a reproductive death" — also daran, daß die Zellproduktion versagt.

So empfindlich ist dieser Prozeß, daß — nach Puck — schon 500 R genügen, um mehr als 99% der Stammzellen zu töten — und das ist auch ungefähr die Dosis, die der LD 50 für Mäuse entspricht.

Diese Aussagen beruhen auf In-vitro-Messungen, und es fehlt nicht an Bedenken, die in vitro gefundenen Resultate auf Zellen im lebenden Organismus zu übertragen. Jedoch In-vivo-Experimente mit Tieren, die sich zwanglos in die Folgerungen der mit modernen Laboratoriumstechniken gewonnenen Resultate einordnen, mehren sich von Tag zu Tag.

Zellkinetische Vorgänge und ihre Bedeutung für den Strahlentod der Säuger sind kürzlich in einer Monographie von Bond,

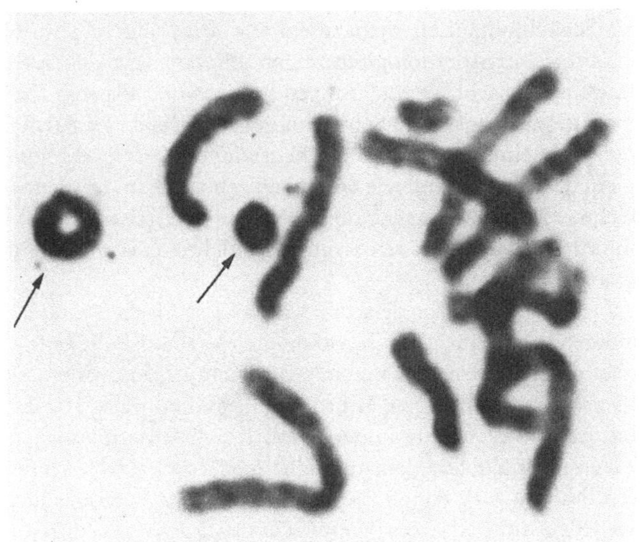

Abb. 22a. Chromosomen einer normalen menschlichen Zelle nach Bestrahlung mit 75 R. Zwei geschädigte Chromosome sind zu sehen: Pfeil von rechts: ein dizentrisches Chromosom; Pfeil von links: eine Translokation. 2500 ×

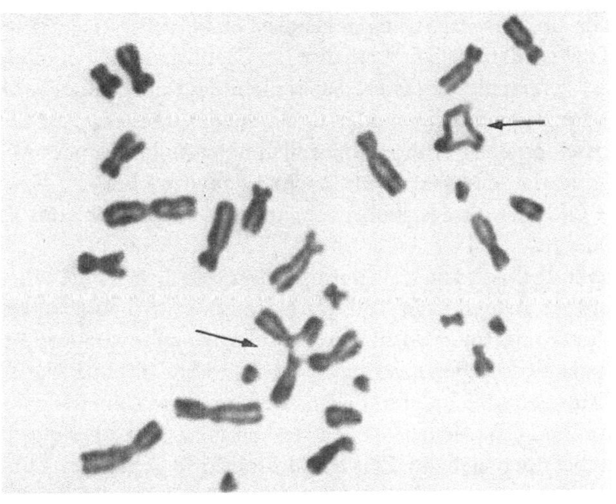

Abb. 22b. Teilvergrößerung einer mitotischen Figur mit Ringchromosomen (Pfeile) nach Bestrahlung der Zelle mit 150 R. 2500 ×

FLIEDNER und ARAMBEAU eingehendst behandelt worden. Unter dem Titel „Mammalian Lethality a Disturbance of Cellular Kinetics" zeigen die Verfasser, daß es nicht das unmittelbare funktionelle Versagen des einen oder des anderen Organs ist, sondern die Drosselung der Zufuhr neuer Zellen über ein bestimmtes Maß hinaus, die das normale Funktionieren lebenswichtiger Organsysteme und hiermit des ganzen Organismus schließlich zum Erliegen bringt.

„Empfindlichkeit von Zellen proportional zu ihrer Zellteilungsaktivität" ist aber nur ein Teil des Gesetzes von BERGONIÉ und TRIBONDEAU; der andere Teil lautet „und umgekehrt proportional zum Grade ihrer Differenzierung". Er ist ebenso wichtig wie der erste Teil, denn nicht alle Zellen sterben den Zellteilungstod (mitotischer Tod). Manche Zellen sterben den „Interphasentod", d. h. sie befinden sich zur Zeit der Bestrahlung gerade im Ruhestadium zwischen zwei Teilungen; und wieder andere Zellen, die spezielle Funktionen im Organismus auszuführen haben — wie Nervzellen und Muskelzellen bei Tieren, Epidermiszellen bei Zwiebeln und Tulpen—, sogenannte differenzierte Zellen, sterben durch Schädigung ihrer Strukturen und Eingriffe in physiologische Prozesse. Morphologisch zeigen differenzierte Zellen nach Bestrahlung typische Veränderungen in Kern und Plasma: Vakuolenbildung, Pyknosis und Schwellungen verschiedener Art. Physiologisch beeinflußt Strahlung lebenswichtige Stoffwechselvorgänge in der Zelle — und wie Gifte dadurch wirksam werden, daß sie wichtige Schlüsselprozesse außer Betrieb setzen (Cyanid z. B.) —, so nimmt man an, daß auch Strahlung solche toxisch wirkenden Substanzen erzeugt.

Im Falle von Bakterien denkt man neben genetischen Einflüssen an andere Gründe für die hohe Strahlenwiderstandsfähigkeit. Zur Zeit wird im Zusammenhang mit Beobachtungen an dem sehr strahlenwiderstandsfähigen Mikrokokkus radiodurans, der zahlreiche freie Sulfhydrylgruppen enthält, diskutiert, inwieweit SH-Gruppen in die Strahlenempfindlichkeit von Bakterien hineinspielen. Nimmt man diesen Bakterien — am ausgesprochendsten ist der Effekt im Falle von *Mikrokokkus radiodurans* — durch geeignete Chemikalien freie SH-Gruppen hinweg, dann verlieren sie ihre hohe Widerstandsfähigkeit gegen Strahlung.

5. Von Großdosen zu Kleindosen

Vom 30-Tage-Tod zum Strahlenblitztod

Werden Säugetiere akut mit Strahlendosen zwischen einigen hundert R und tausend R ganzkörperbestrahlt, so zeigt die

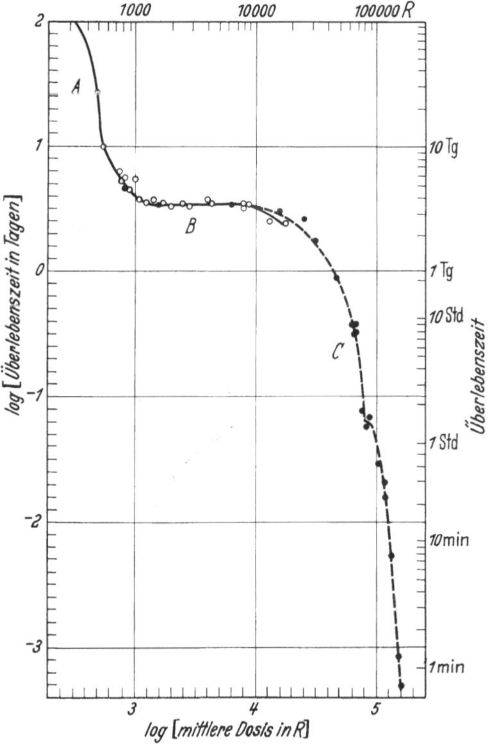

Abb. 23. Effekt akuter Röntgenbestrahlung auf die mittlere Überlebenszeit weißer Mäuse in Abhängigkeit von der Strahlendosis

30tägige Dosis-Mortalität-Kurve einen stetigen, S-förmigen Verlauf. Dieses Bild ändert sich, wenn man die Tiere über einen weiten Dosenbereich mit Röntgenstrahlen bestrahlt, und an Stelle der Sterblichkeit ihre mittlere Überlebenszeit in Abhängigkeit von der Dosis aufträgt. Abb. 23 zeigt das Ergebnis eines solchen Experimentes mit weißen Mäusen, die mit Dosen bis zu 175 000 R bestrahlt worden sind. Die Kurve läßt sich deutlich in drei Abschnitte einteilen: in den Abschnitt A von einigen hundert R bis zu etwa 1000 R, in dem die Kurve stetig bis zu etwa 4 Tagen abfällt; den Abschnitt B zwischen etwa 1200 R und 10000 R, in dem die Kurve horizontal verläuft, und in Abschnitt C zwischen etwa 12000 R und sehr hohen Dosen, in dem die Überlebenszeit der Tiere schnell mit steigender Dosis abnimmt. Man hat schon früh versucht, diese drei Abschnitte mit der Reaktion bestimmter Organsysteme auf die Bestrahlung in Verbindung zu bringen, und in der Tat haben Versuche diese Vermutung bestätigt. Im Bereich A führen die Schäden des blutbildenden Systems zum Tode (hämatopoetischer Tod), im Bereich B sind es die Schäden des Magen-Darm-Kanals, die den Tod verursachen (gastro-intestinaler Tod), und im Bereich C versagt das Zentralnervensystem (zentralnervöser Tod).

Im Bereich des hämatologisch bedingten Todes sprechen Knochenmark, Milz und lymphatisches Gewebe auf Dosen von einigen hundert R an. Veränderungen in der Zahl der korpuskularen Elemente des Blutes (weiße Blutkörperchen, rote Blutkörperchen, Blutplättchen) und im Blutbild treten auf. Es kommt zu Vakuolenbildung im Plasma und in Kernen, pyknotische Zelltypen erscheinen, die Markstruktur hellt sich auf, die Kernteilung wird gehemmt, und Chromosomenschäden der verschiedensten Art treten auf. Die Vermehrung der Zellen kommt zum Stillstand, und die Versorgung des Organismus mit jungen, lebensfähigen Zellen hört auf.

Im Bereich B — dem sogenannten „Plateau" — bestimmen die Strahlenschäden im Dünndarm — vor allen anderen Schäden — das Schicksal des bestrahlten Organismus. Das Dünndarmepithel mit seinen sich sehr schnell teilenden Zellen ist außerordentlich strahlenempfindlich. Durch Eingriffe in die Zellteilung zerstört Strahlung die an den Darmwänden zu den Darmzotten hochwandernden Zellen, hemmt die Erzeugung neuer Zellen in den Lieberkühnschen Krypten, und bald ist — dem Reifezyklus der Darmzellen von etwa drei Tagen entsprechend — die Darmwand völlig von lebenswichtigem Epithel entblößt. Neben Störungen in der Resorption und Absorption von Nahrungsstoffen treten schwere Wasser- und Elektrolytverluste auf, die zum Tode der Mäuse mit einer mittleren Überlebenszeit von 3,5 Tagen führen.

Im Bereich des zentralnervösen Todes, im Bereich C, gehen dem Tode typische Symptome voraus, wie sie sich auch bei Bestrahlung

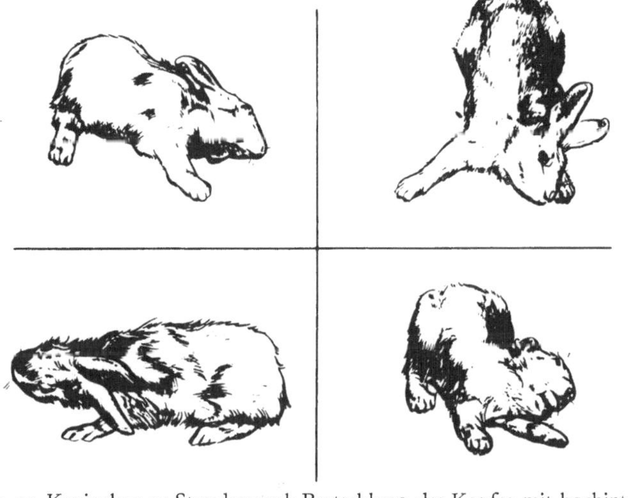

Abb. 24. Kaninchen 24 Stunden nach Bestrahlung des Kopfes mit hochintensiver Röntgenstrahlung. Typische Störungen der Körperhaltung

des Kopfes allein zeigen: Übererregbarkeit, Krämpfe, Haltungsstörungen, flatternde Sprünge und Verrenkungen, wie sie Abb. 24 andeutet.

Im Bereich sehr hoher Dosen und bei Verwendung entsprechend hoher Strahlenintensitäten sterben die Tiere schon „unter der Röhre", das heißt, schon während der Bestrahlung am Blitztod. Mit 100000 R bis 200000 R bestrahlte Tiere zeigen dann histologische Sofortschäden in bestimmten Gehirnzentren (medulläre Zentren), die besonders deutlich mit der von SCHÜMMELFEDER entwickelten Akridin-Orange-Fluoreszenztechnik demonstriert werden können.

Zur Erzeugung des Strahlenblitztodes stehen Hochleistungsröntgenröhren und Röntgen-Pulsgeneratoren zur Verfügung. Besonderes Interesse wird zur Zeit den Spezialreaktoren vom Typ „Triga" und „Pulstar" entgegengebracht. Diese erzeugen im

Impulsbetrieb Strahlenausbrüche („radiation bursts") von vielen Millionen Watt in Bruchteilen von Sekunden, und in derselben Größenordnung liegen dann auch die Überlebenszeiten der bestrahlten Tiere. So wird der für das Strahlenforschungsinstitut des Bundes in Neuherberg z. Z. im Bau befindliche bio-medizinische Forschungsreaktor FRN vom Typ „Triga" eine Pulsleistung bis zu 2000 MW bei prompter Energiefreisetzung von 23 MW sec. haben. Unter solchen Bestrahlungsbedingungen kann man schon — zumal wenn Resonanzerscheinungen im Zusammenspiel von Zeitkonstanten der Bestrahlung und Zeitkonstanten biologischer Vorgänge auftreten — vom „molekularen" Tod sprechen, bei dem solche Strukturzerstörungen eintreten, daß jede Gegenreaktion des Systems unmöglich wird.

Das Plateau in der Dosis-Effekt-Kurve

Zum Plateau selbst — dem Bereich konstanter Überlebenszeit trotz Erhöhung der Dosis bis zum zehnfachen Betrag (3,5 Tage bei Mäusen) — ist noch folgendes zu sagen. Es ist in bezug auf Länge und Höhe verschieden bei verschiedenen Tierarten. Es existiert bestimmt bei Säugern und Fischen, während es nach den neuesten Untersuchungen bei Taufliegen (*Drosophila*) und Ameisen (*Pogonomyrmex californicus*) fehlt. Dies ist insofern von Interesse, als sich das gastrointestinale System bei Säugern und Fischen histologisch sehr vom Verdauungssystem der Insekten unterscheidet.

Der Einfluß der Bakterienflora des Darmsystems auf Länge und Höhe des Plateaus kommt deutlich in Experimenten von M. McLaughlin mit normalen (konventionellen) und bakterienfreien (germfree) Mäusen zum Ausdruck. Bakterienfreie Mäuse haben ein kürzeres Plateau als normale Mäuse, und ihre mittlere Überlebenszeit im Plateaubereich beträgt nach Röntgenbestrahlung rund 7 Tage anstatt 3,5 Tage wie bei normalen Mäusen.

Kleindosen: Definition und praktische Anwendung

Der Bericht der Vereinten Nationen aus dem Jahre 1962 über die „Effekte von atomaren Strahlen" zieht die Grenze zwischen Groß- und Kleindosen bei 50 R. Dosen unterhalb 50 R sind Kleindosen, Dosen über 50 R werden als Großdosen gezählt.

Nach Symptomen geordnet, unterscheidet man bei akuten Ganzkörperbestrahlungen:

700 *R:* letale Dosis
400 *R:* mittelletale Dosis
100 *R:* kritische Dosis
25 *R:* Gefährdungsdosis

Bei Langzeitbestrahlungen (chronische Bestrahlung) sind nach CRONKITE

Dosen bis zu 100 *mR:* minimale Wochendosis
Dosen von 100 *mR bis* 1000 *mR:* niedrige Wochendosis
Dosen über 1000 *mR:* hohe Wochendosis.

100 R akute Ganzkörperbestrahlung gelten als kritische Dosis, weil bei Vorliegen ungünstiger Bedingungen u. U. schon der Tod eintreten kann.

Dosen unter 50 R beeinflussen den wachsenden Embryo, wenn zu kritischen Zeiten der Entwicklung verabreicht; Dosen bis zu 50 R beeinflussen insbesondere das blutbildende System. Im lymphatischen Gewebe und im Knochenmark treten morphologische Zellveränderungen auf, Chromosomen mit Fragmenten, Brücken und Translokationen werden erzeugt. Die Zellteilung wird gehemmt und die Produktion neuer Zellen unterbunden. Schon kleine Dosen erzeugen Lymphocyten mit doppellappigen Kernen. Zahl der korpuskularen Elemente des Blutes (weiße Blutkörperchen, rote Blutkörperchen, Blutplättchen) und peripheres Blutbild ändern sich mit der Bestrahlung. Kurz nach Bestrahlung kommt es zu einem Anstieg der Leukocyten, der nach einigen Stunden infolge des einsetzenden Lymphocytenabfalls wieder sinkt und als solcher ein wertvolles diagnostisches Hilfsmittel für Bestrahlung geworden ist.

Es ist gerade diese Reaktion, die auch bei der Radiumemanationstherapie in Erscheinung tritt (Abb. 25). Diese Therapie erzielt durch Einführung der in den radioaktiven Quellen natürlich vorkommenden Radiumemanation (Radon) in den Körper (Badekur, Trinkkur, Inhalationskur) — wo sie zusammen mit ihren Folgeprodukten vorwiegend unter Aussendung energiereicher Alphastrahlung zerfällt — die großen Heilerfolge, wie sie von den weltbekannten Radiumbädern Radiumbad Oberschlema, St. Joachimsthal, Bad Kreuznach, Bad Münster am Stein, Bad Gastein

u. a. bekannt sind. Schon seit 1930 systematisch in ihren biophysikalischen Grundlagen und strahlenbiologischen Effekten studiert, findet die Emanationstherapie — auch Radiumschwachtherapie genannt — gerade in den letzten Jahren wieder weltweites Interesse. Einerseits ist das durch das Aufkommen des atombombenerzeugten Fallouts bedingt, andererseits durch die Entdeckung „natürlichen" Fallouts in Form langlebiger Zerfallsprodukte der Radiumemanation in der Atmosphäre. Eingehende Studien der letzten Jahre über die Rolle der Folgeprodukte bei Radoneinführung in den Körper und über Mengen, Verteilung und Aufnahme der natür-

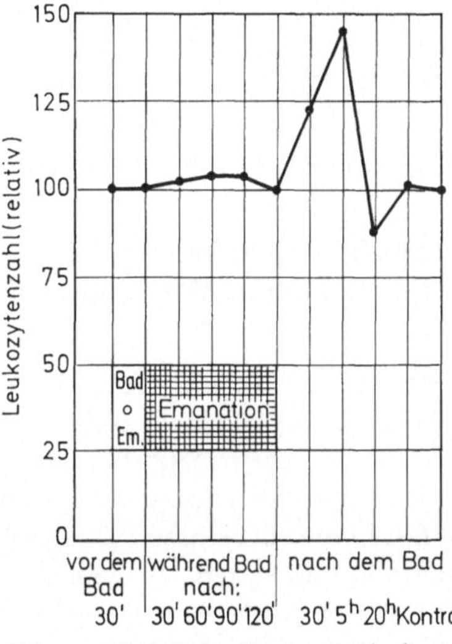

Abb. 25. Einfluß des Emanationsbades auf die Leukocytenzahl des Badenden während, 5 Stunden nach und 20 Stunden nach dem Bade

lichen Falloutelemente RaD und RaF durch Mensch, Pflanze und Tier haben wesentlich zur Kenntnis über Bedeutung und Wirkung inkorporierter radioaktiver Substanzen beigetragen.

Symptome der Strahlenkrankheit

Ins Gebiet großer und kleiner Dosen gehören auch die Symptome der Strahlenkrankheit, wie sie uns im Strahlensyndrom beim Menschen entgegentreten. Da direkte diesbezügliche Messungen am Menschen nicht angängig sind, beruhen unsere Kenntnisse auf der Auswertung klinischer Beobachtungen, von Unglücksfällen in Atomanlagen und Reaktorwerken, Hiroshima-Nagasaki-Erfahrungen, Bombenfallout-Unfällen, beruflichen Strahlenschäden und Radiumvergiftungsfällen. Die in den folgenden Tabellen und Kurven gegebenen Tatsachen müssen dementsprechend als Näherungen betrachtet werden.

Tabelle 10. *Klinische Symptome der Strahlenkrankheit* (nach GERSTNER)

Zeit nach Bestrahlung	Tödliche Dosis 650 R	50% tödliche Dosis 400 R	Subletale Dosis 250—100 R
1. Woche	Übelkeit, Erbrechen innerhalb 2 Stunden, Durchfall, heftiges Erbrechen, Entzündung von Mund und Kehle	Übelkeit, Erbrechen nach 2 Stunden	Möglicherweise Übelkeit, Erbrechen, Müdigkeit
2. Woche	Fieber, Flüssigkeitsverluste, schneller Gewichtsverlust, Tod	Appetitlosigkeit, allgemeine Unpäßlichkeit	
3. Woche		Fieber, schwere Rötungen von Mund und Kehle	Wenig Appetit, Unpäßlichkeit, Blässe, Halsentzündung, Blutungen, Durchfall
4. Woche		Blässe, Blutung, Gewichtsverlust, 50% Sterblichkeit, etwa 6 Monate lang Rekonvaleszenz der Überlebenden	Erholung in allen Fällen wahrscheinlich

Tabelle 10 gibt eine Aufstellung des Verlaufs der Strahlenkrankheit für verschiedene Strahlendosen nach GERSTNER wieder.

Ähnlich liegen die Verhältnisse in bezug auf die LD 50/30 für den Menschen. Auch hier liegen — verständlicherweise — keine direkten Messungen vor, so daß nur Schätzungen gemacht werden können. Unter diesen Schätzungen wird von verschiedenen Seiten den Beobachtungen und Erfahrungen, die im Falle der Atombomben von Hiroshima und Nagasaki gemacht worden sind, besondere Bedeutung beigelegt. Dazu ist auf die Ausführungen von Mitgliedern wissenschaftlicher Gruppen und verschiedener Kommissionen hinzuweisen, die wesentlich an der Auswertung der Beobachtungen und Befunde mitgearbeitet haben. So schreibt I. V. NEEL, ein führendes Mitglied der Atombombenkommission: „Es ist wichtig, in Anbetracht der Art, in welcher die japanischen Daten gelegentlich von anderen ausgenutzt worden sind, die Aufmerksamkeit auf die Begrenztheit der Schlüsse zu lenken, die aus dem vorliegenden Zahlenmaterial gezogen werden können." Ganz ähnlich, vielleicht noch betonter, sind die Ausführungen im Bericht der US-Atomenergie-Kommission "The Effects of Nuclear Weapons" 1962 und in der Monographie „Auswirkung atomarer Detonationen auf den Menschen" von MESSERSCHMIDT, 1960.

Die durch die Atombomben in der japanischen Bevölkerung hervorgerufenen Strahleneffekte können kaum mit geplanten, wissenschaftlich groß angelegten Versuchen verglichen werden, deren Ziel es ist, die quantitativen Beziehungen zwischen Strahlendosis und Strahleneffekt in Abhängigkeit von genau bekannten Dosen zu ermitteln. Im Falle der japanischen Bomben beruhen die Angaben über die Dosen, denen die Bevölkerung ausgesetzt gewesen sein mag, auf nachträglichen Schätzungen. Ebenso ist es ja bei fast allen Unfällen in Atomenergieanlagen und in Betrieben, die radioaktive Stoffe verarbeiten. Auch da liegen selten genaue Daten über die Dosen vor, denen das Individuum ausgesetzt gewesen ist.

Die große Bedeutung der japanischen Beobachtungen liegt im Nachweis, daß fast alle bei Tieren beobachteten Strahleneffekte gleichartig auch beim Menschen auftreten: Blutbildveränderungen, Leukämie, Starbildung, Mißbildungen der Leibesfrucht, genetische Effekte und wahrscheinlich auch Lebensverkürzung nach Ganzkörperbestrahlung. In bezug auf quantitative Beziehungen zwischen dem Ausmaß der Strahleneffekte in Abhängigkeit von der applizierten Dosis — was man so gerne für den Menschen wissen möchte — geben sie keine Auskunft.

Klarer liegen die Verhältnisse im Falle der Menschen, die in die ersten Fallout-Unfälle verwickelt waren: die Marschallesen auf dem Rongelap-Atoll, 31 auf den Inseln stationierte amerikanische

Tabelle 11. *LD 50/30-Schätzungen für den Menschen*

Geschätzt von	Auf Grund von	LD 50/30 in Rad
CRONKITE und BOND	erster Fallout-Unfall 1954 der Marschallesen	350—370
United Nations, Report 1962	Auswertung allen vorliegenden Materials	300—500
National Research Council NAS	Tierversuche, Atombomben, Unglücksfälle, Klinische Befunde	400—600

Soldaten und die Besatzung des japanischen Fischerbootes „Lucky
Dragon". Hier konnten im Falle der Inselbewohner — und auch
der Soldaten — wissenschaftliche Gruppen schon kurz nach dem
Unfall an Ort und Stelle Messungen und klinische Beobachtungen

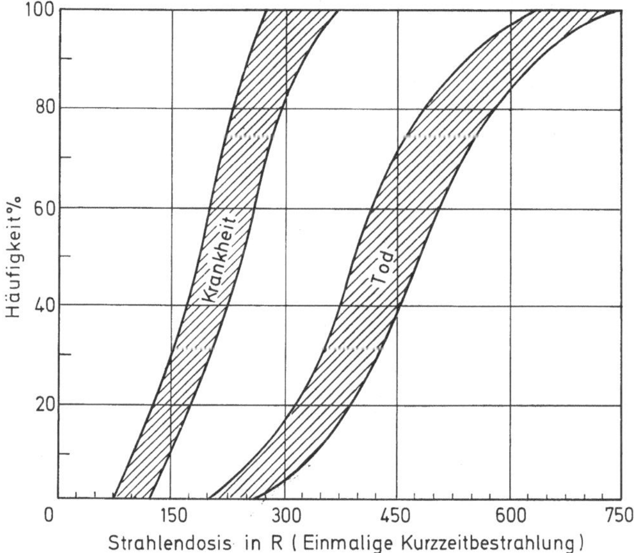

Abb. 26. Vermutliche Häufigkeit von Strahlenkrankheit und Strahlentod des
Menschen in Abhängigkeit von der Dosis bei einmaliger, kurzzeitiger Ganzkörperbestrahlung

machen. Die betroffenen Personen waren Dosen bis zu 175 Röntgen ausgesetzt. Neben Veränderungen im Blutbild und ersten
Anzeichen der Strahlenkrankheit wurden Hautverbrennungen
und Haarausfall beobachtet. Nach einigen Monaten waren die
Hautverletzungen vernarbt, und die Haare waren wieder voll gewachsen*. Im Falle des Fischerbootes Lucky Dragon war es vorwiegend radioaktives Calcium, das durch die Neutronen der Bom-
be in dem Korallenmaterial erzeugt, durch die Explosion in die
Luft geschleudert wurde und als feine „Asche", als feiner „Schnee"

---

* Spätschädigungen in Form von Schilddrüsenveränderungen wurden
1967 in 19 Marschallesen gefunden, die in jungen Jahren (1954) radioaktives
Jod — ein wichtiges Falloutprodukt — inkorporiert hatten.

auf das Boot und die Besatzung fiel. Diese zeigte in den ersten 30 bis 45 Tagen nach dem Unfall allgemeine Schwäche, Blutungen und Infektionen. Ein Mitglied der Besatzung starb 6 Monate nach dem Unfall, wahrscheinlich an einer Infektion im Zusammenhang mit Bluttransfusionen, wie G. A. ANDREWS in der Monographie „Fallout" schreibt, und nicht auf Grund irgendwelcher Strahlenschäden.

Die zur Zeit vorliegenden Schätzungen für die LD 50/30 des Menschen sind in Tabelle 11 zusammengefaßt wiedergegeben.

Kurvenmäßig dargestellt, geben der Verlauf der Strahlenkrankheit und die Häufigkeit des Strahlentodes innerhalb von 30 Tagen nach der Bestrahlung in Abhängigkeit von der Dosis breite Kurvenbänder, wie in Abb. 26 wiedergegeben.

Im Massivdosenbereich zeigt die Dosis-Überlebenszeit-Kurve auch für den Menschen ein Plateau. Dieses Plateau ist jedoch kürzer und liegt bei höheren Überlebenszeiten als das für Ratten und Mäuse bzw. für Affen gefundene Plateau. Das Plateau beim Menschen erstreckt sich von etwa 1200 R bis zu etwa 5000 R, und die mittlere Überlebenszeit liegt bei ungefähr 10 Tagen.

6. Kleinstdoseneffekte

Mutationsauslösung durch Strahlung; das Schwellenwertproblem

Die Frage nach der biologischen Wirksamkeit allerkleinster Dosen gehört zu den schwierigsten — zugleich aber auch entscheidendsten — Problemen der Strahlenbiologie. Gäbe es nämlich Dosen, die infolge ihrer Kleinheit keine biologischen Effekte erzeugen können, dann wäre Strahlung nicht der Alpdruck unserer Tage. Leider gibt es noch keine endgültige Antwort auf diese Frage. Meinung steht gegen Meinung, da — der Theorie nach — Dosis-Effekt-Kurven im Gebiet kleinster Dosen mit oder ohne Schwellenwert verlaufen können (Abb. 27), und da im Experiment ungeheuer große Zahlen von bestrahlten Individuen über längere Zeiträume gepflegt und beobachtet werden müßten, um statistisch gesicherte Resultate zu erlangen.

Schon die Mutationsversuche mit der Taufliege *Drosophila* — dem klassischen Objekt der Strahlengenetik auf Grund seiner kurzen Lebensspanne von etwa 30 Tagen — erforderten die Bearbeitung von vielen hunderttausend Fliegen, um die Dosis-Effekt-Beziehung für strahleninduzierte Mutationen festzulegen(Abb.28).

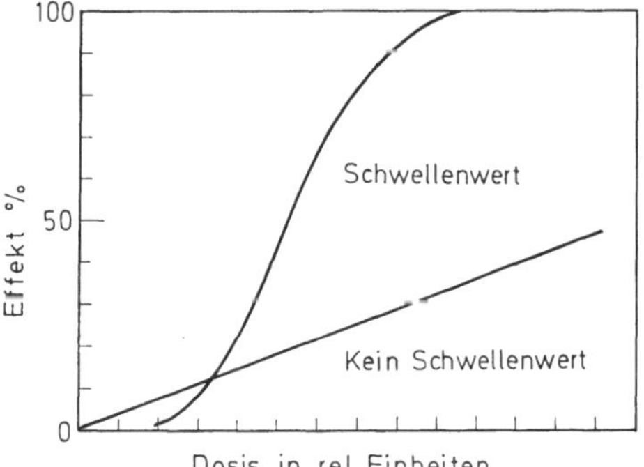

Abb. 27. Schwellenwert- und Nichtschwellenwert-Konzept in Abhängigkeit von der Dosis

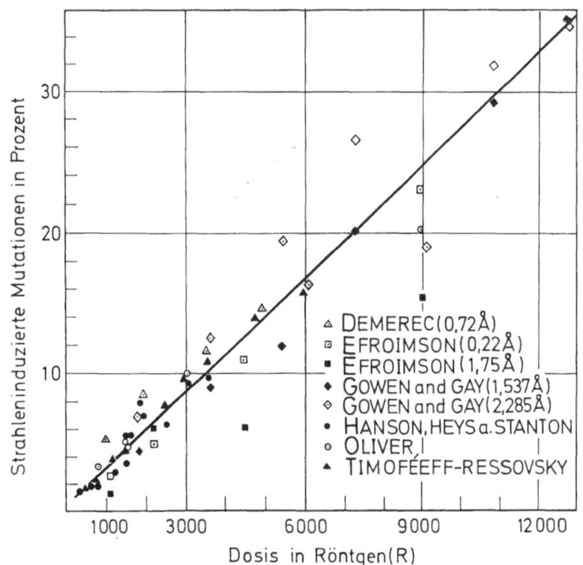

Abb. 28. Dosis-Effekt-Kurve für die Häufigkeit strahleninduzierter Mutationen bei Drosophila melanogaster in Abhängigkeit von der Dosis

Sie zeigt — gemittelt über alle Werte — einen geraden Verlauf, eine lineare Beziehung zwischen Dosis und Effekt. Die Deutung dieser Kurve auf Grund treffertheoretischer Vorstellungen als „Eintrefferkurve" führte zur Aufstellung der folgenden Grundthesen der Strahlengenetik:

1. Die Mutationsrate steigt proportional zur Strahlendosis, die Dosis-Effekt-Kurve zeigt einen geradlinigen Verlauf, es gibt keinen Schwellenwert, keine Toleranzdosis.

2. Es kommt auf die gesamte Strahlendosis an, der mutagene Effekt ist unabhängig von der Dosisleistung, 600 R z. B. bei niedriger Dosisleistung (chronische Bestrahlung) verabreicht, haben den gleichen Mutationseffekt wie 600 R bei hoher Dosisleistung (akut) verabreicht.

Danach sollte die Dosis-Effekt-Kurve für strahleninduzierte Mutationen bis ins Gebiet allerkleinster Dosen gelten, und jede Strahlendosis — wie klein sie auch immer sein möge — sollte biologisch wirksam werden. In der Tat liegen die mit den kleinsten bisher studierten Dosen (25 R) gefundenen Werte noch auf der Geraden. Für das Gebiet kleinster Dosen liegen aber keine anerkannten Experimente vor. Hier sind nur Extrapolationen möglich.

Trotzdem hatte die „klassische" Strahlengenetik in den diesbezüglichen Diskussionen für viele Jahrzehnte die unbedingte Führung. Als jedoch 1958 das Ehepaar RUSSELL und Mitarbeiter im Oak Ridge National Laboratory in großangelegten Versuchen mit über einer Viertelmillion Mäusen zeigten (Abb. 29), daß bei Mäusen unter gleichen Bedingungen zehnmal mehr Mutationen entstehen als bei *Drosophila*, und sogar fanden, daß bei Mäusen die Mutationsrate von der Dosisleistung abhängt, mit der die Gesamtdosis verabreicht wird (Abb. 30), begann eine neue Epoche strahlengenetischer Forschung. Sie steht nicht mehr zu dem Postulat der direkten Proportionalität zwischen Dosis und Effekt und zu dem Postulat der Unabhängigkeit der Mutationsrate von der Dosisleistung. Sie diskutiert die Frage nach den mutagenen Wirkungen allerkleinster Dosen und die Mechanismen, die dem Mutationsgeschehen im biologischen Objekt entgegenwirken, in neuer Sicht. Sie eröffnet Möglichkeiten zur Entwicklung eines wirkungsvollen Schutzes gegen die Mutationsauslösung durch ionisierende Strahlen — ein Vorhaben, das bis vor kurzem noch als aussichtslos und unmöglich angesehen wurde.

In bezug auf die ursprüngliche Deutung der Dosis-Effekt-Kurve für strahleninduzierte Mutationen bei *Drosophila* haben die systematischen experimentellen und theoretischen Untersuchungen von TRAUT (1963) und ZIMMER (1966) mit 20 Millionen Fliegen Aufklärung gebracht.

Abb. 29. Anlage zur Ganzkörperbestrahlung von Mäusen im Oak Ridge National Laboratory. Die Strahlenquelle (Kobalt-60-Präparat) befindet sich, wenn nicht in Gebrauch, in dem Zylinder am Boden des Raumes. In verschiedenen Abständen über der Strahlenquelle und kreisförmig um die Strahlenquelle herum angeordnet, befinden sich die Gestelle mit den Käfigen. Der Bildausschnitt zeigt das Gestell über der Strahlenquelle und ein Gestell auf dem innersten Kreis

Nach diesen Untersuchungen resultiert in dem klassischen Experiment nur deshalb eine lineare Kurve, weil immer „biologisch integriert", d. h. ohne Berücksichtigung der Entwicklungsstadien der Objekte bestrahlt worden ist. Studiert man die Dosis-Effekt-Beziehung unter Berücksichtigung der einzelnen Entwicklungsstadien, so erhält man eine Schar von 5 oder 6 verschlängelten, sinoiden Kurven für die Abhängigkeit der Mutationsrate von der Dosis. Kombiniert man diese Kurven — und das hat die klassische

Technik unbewußt getan — so „umwickeln" sie sich gerade zufällig so, daß eine lineare Kurve entsteht. Die klassische Mutationskurve erscheint dann in Form einer — der Treffertheorie nach — Eintrefferkurve (ein Ionisationsakt im empfindlichen Bereich), hat aber nicht deren Sinn und Charakter.

Die neue Epoche betrachtet Strahlenmutationen nicht mehr — wie das MOLE formuliert — als das „plötzliche, permanente und unveränderliche Geschehen", wie es die klassische Strahlengenetik postuliert. Trotzdem aber bewegt sich die moderne Strahlengenetik mit Bedacht vorwärts und warnt vor unvorsichtigen, voreiligen Schlüssen in bezug auf die Anwendung der neuen Erkenntnisse auf den Menschen.

Die Strahlengenetik der Säuger, so argumentiert sie, steht gerade in ihren Anfängen, und die Sammlung eines beweiskräftigen Zahlenmaterials für die Effekte allerkleinster Dosen erfordert übermenschliche Anstrengungen. So müßte man, wenn man herausfinden will, ob es bei Säugern einen Schwellenwert und eine Toleranzdosis gibt oder nicht, viele Millionen von Mäusen studieren, da 40 R — eine große Dosis im Vergleich zu den in Frage kommenden sehr kleinen Dosen — nur 12 Mutationen in 100000 Mäusen erzeugen. Somit bleibt die Frage des Schwellenwertes für die Erzeugung von Mutationen durch Strahlung vorerst noch offen, wie das auch für die somatischen Effekte allerkleinster Dosen — die Erzeugung von Krebs, grauem Star und Verkürzung der Lebenszeit durch Strahlung — gilt.

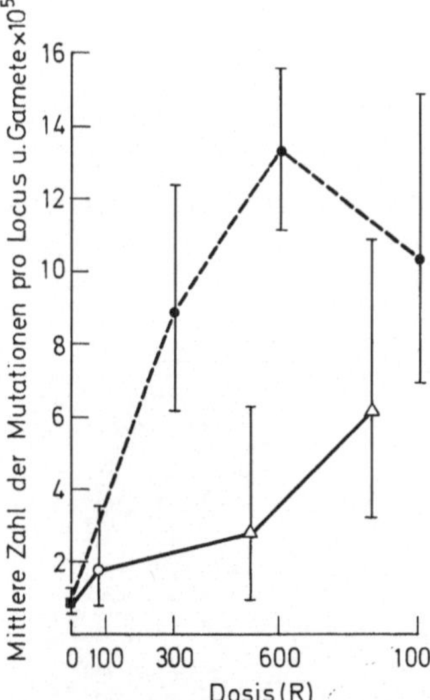

Abb. 30. Mutationsraten an 7 spezifischen Loci der Maus, mit 90%-Vertrauensgrenzen. Obere Kurve: Resultate mit akuten Röntgenstrahlen (80 bis 90 R/min). Untere Kurve: Resultate mit chronischen Gammastrahlen (Dreiecke: 90 R/Woche, Kreis: 10 R/Woche). Der Punkt für die Nulldosis stellt die Summe aller Kontrollen dar

Strahlenkrebs

Strahlung heilt Krebs — Strahlung erzeugt Krebs. PETER ALEXANDER spricht vom zweischneidigen Schwert. Seit den zwanziger Jahren ist der Radium- und Thoriumkrebs der Leuchtzifferblattmalerinnen von New Jersey bekannt, und seit langer Zeit weiß man vom „Schneeberger Lungenkrebs", an dem die Bergleute der Urangruben in Schneeberg, Aue und St. Joachimsthal in hohem Prozentsatz sterben. Eingehende, systematische Versuche in den letzten Jahrzehnten haben eindeutig gezeigt, daß es sich dabei um einen durch die dauernde Bestrahlung des Lungengewebes mit Alphastrahlen von Radon und seinen Folgeprodukten erzeugten Krebs handelt. Die Erfahrungen in den Uranbergwerken in den USA, insbesondere im Staate Colorado, bestätigen diese Befunde, wobei es allerdings scheint, daß Arsen-Kobalt, Nickel- und Wismutstaub in den Schneeberger und St. Joachimsthaler Gruben fördernd auf die Genesis der Krankheit wirkt. Dort fährt der junge Bergmann im Alter von 16 bis 17 Jahren zum erstenmal in die Gruben ein und verläßt nach 10- bis 15jähriger Tätigkeit — „bergfertig", wie der Volksmund sagt — die Grube und stirbt bald elend am Lungenkrebs (Tabelle 12).

Tabelle 12. *Krebssterblichkeit auf tausend Personen*

	Joachimsthaler Bergarbeiter (1929—1938)	Schneeberger Bergleute		Wiener Bevölkerung Männer 15—79 Jahre (1932—1936)
		(1895—1897)	(1895—1912)	
Lungenkrebs	9,8	12,7	16,5	0,34
Krebs anderer Organe	0,7	2,4	2,1	2,1

Die bisher in den Uranbergwerken der USA gemachten Erfahrungen bestätigen diese Zahlen. Dort sind seit 1963 — den offiziellen Berichten nach — 98 Bergleute an Lungenkrebs gestorben, und 431 werden voraussichtlich in den nächsten 20 Jahren demselben Leiden erliegen. Im ganzen rechnet man mit bis zu 1100 Fällen, davon 425 allein im Staate Colorado.

Spontanes Auftreten von Neoplasmen der verschiedensten Art sind in der Medizin wohlbekannt. In vielen Fällen werden Umweltfaktoren — unter anderem auch Strahlung — als auslösende

Faktoren vermutet. Dies gilt insbesondere für die so gefürchtete Leukämie, den Blutkrebs, der durch eine schrankenlose Überproduktion weißer Blutkörperchen charakterisiert ist.

Leukämie tritt bei Mäusen schon nach Bestrahlung mit 100 R auf, und die Zahl der Leukämiefälle vermehrt sich — offenbar nach einer linearen Beziehung — mit steigender Dosis. Strahleninduzierte Leukämien im Menschen sind bei den Überlebenden der japanischen Bombenangriffe, bei Radiologen, bei strahlentherapeutisch behandelten Patienten, insbesondere bei Spondylitisfällen, beobachtet worden. Häufigkeitsgipfel treten 4 bis 7 Jahre nach der Bestrahlung auf, und erhöhte Häufigkeit der Fälle mag bis zu 15 Jahren nach der Einwirkung bestehen.

In bezug auf die Häufigkeit des Auftretens von Leukämien nach Ganzkörperbestrahlung in Abhängigkeit von der Dosis hat kürzlich LANGHAM das vorliegende Zahlenmaterial ausgewertet. Unter der Annahme einer linearen Beziehung zwischen Dosis und Effekt findet er, daß eine Ganzkörperbestrahlung mit 100 Rad die Zahl der spontan auftretenden Leukämien um 100 Fälle per Million Personen für jedes Risikojahr (über 15 Jahre gemittelt) vermehrt. Bezogen auf die Zahl der spontanen Leukämien von 68 Fällen per 10^6 Personen per Jahr (US-Bevölkerung) bedeutet das, daß Ganzkörperbestrahlung mit 1 Rad das jährliche Leukämierisiko eines Individuums von 68 Fällen auf 69 Fälle per Million für die ersten 15 Jahre nach der Bestrahlung erhöht. Für das Gebiet kleiner Dosen liegen keine direkten Messungen vor, so daß man in bezug auf die Schwellenwertfrage auf Schätzungen angewiesen ist.

Lebensverkürzung durch Strahlung

Verkürzung der Lebenszeit durch energiereiche Strahlen ist für Tiere schon lange bekannt (RUSS und SCOTT, 1937). Im allgemeinen steigt der Effekt mit zunehmender Dosis, wobei akute Bestrahlung wirkungsvoller ist als chronische Bestrahlung, das heißt, mit kleiner Dosisleistung über längere Zeiträume. Unter Benutzung der in der Literatur angegebenen Werte hat BLAIR die Lebensverkürzung für Ratten und Mäuse in Abhängigkeit von der Bestrahlungsdosis, ausgedrückt in Prozenten der LD 50, als gerade Linie aufgetragen (Abb. 31).

Danach verkürzt eine Bestrahlungsdosis vom halben Wert der LD 50 das Leben von Ratten und Mäusen um etwa 12%, eine volle LD 50 verkürzt das Leben um etwa 23%. Nach dem Bericht der Vereinten Nationen über „die Effekte Atomarer Strahlen" aus dem Jahre 1962 verkürzen akute Dosen zwischen 200 Rad und

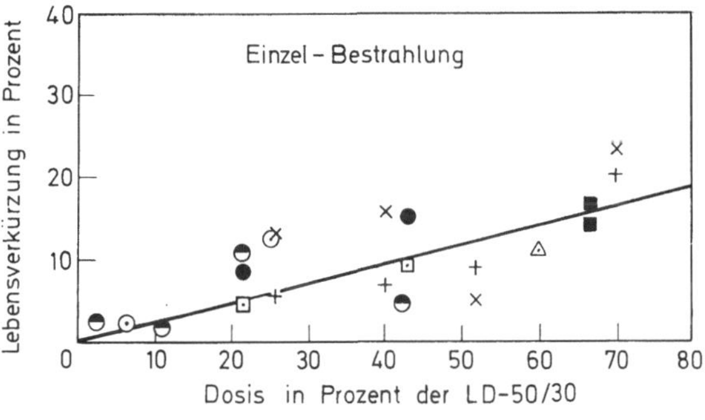

Abb. 31. Lebensverkürzung in Prozent für Mäuse und Ratten nach akuter Röntgen- oder Gammabestrahlung

500 Rad die Lebenszeit um 2—4% per 100 Rad; mit Annäherung an die LD 50 (600—800 Rad) erhöht sich dieser Prozentsatz auf 5—10% per 100 Rad.

Fraktionierung und Protrahierung der Dosis verringert den Effekt. So zeigen Kleintiere, die täglich mit kleinen Dosen mehrere Monate lang bestrahlt werden, eine Lebensverkürzung von 11% per 1000 Rad, und bei chronischer Bestrahlung mit einer Dosisleistung von nur 0,3 Rad per Woche zeigt sich ein bis ums Zwanzigfache geringerer Effekt der Bestrahlung.

Einzelheiten über die biologischen Mechanismen, die zur Lebensverkürzung durch Bestrahlung führen, sind nicht bekannt; wie überhaupt gefragt wird: kann man natürliches Altern und strahlenerzeugtes Altern vergleichen, ist Strahlenaltern ein „vorzeitiges", ein „beschleunigtes" Altern, oder sind bei der strahlenerzeugten Lebensverkürzung besondere, nur für Strahlung geltende Prinzipien im Spiel? Unter den vorgeschlagenen Mechanismen rangieren die „Verschleiß"-Hypothese, die „Organbelastungs"-Hypothese und die „Mutations"-Hypothese sehr hoch.

Ohne jede Annahme über biologische Mechanismen ist es BLAIR gelungen, eine mathematische Formel für den Prozeß des Alterns durch Strahlung zu entwickeln, die tiefe Einblicke in die Erholungsvorgänge in bestrahlten biologischen Systemen gestattet und sehr anregend auf die Diskussionen dynamischer Prozesse im Strahlengeschehen gewirkt hat. Die Voraussetzungen BLAIRS sind u. a. diese: Der Strahlenschaden entwickelt sich proportional zur Dosisleistung und ist der Gesamtdosis proportional; er wird sofort repariert in einem Ausmaß, das seiner Größe entspricht, ausgenommen einen nicht reparierbaren, irreversiblen Rückstand, der sich proportional zur kumulierten Dosis ansammelt.

Verkürzung der Lebenszeit beim Menschen durch Bestrahlung ist direkt nicht beobachtet worden. Auf Grund von Tierversuchen hat man einige Schätzungen gemacht. Nach JONES verkürzt eine Bestrahlung mit 1 Rad die Lebenszeit um 15 Tage, nach CURTIS ruft 1 Rad eine Verkürzung der Lebenszeit von etwa 12 Tagen hervor. Für chronische Bestrahlung haben FAILLA und McCLEMENT eine Lebensverkürzung von 1 Tag per Rad kumulierte Dosis gegeben, sofern die Dosisleistung 0,5 Rad/Tag nicht übersteigt. Diese Schätzungen gelten für Ganzkörperbestrahlungen, und sie ändern sich, wenn nur Teile des Körpers bestrahlt werden.

Eine für praktische Zwecke wertvolle Schätzung befaßt sich mit der Lebensverkürzung von Menschen, die beruflich in einer Umgebung arbeiten, in der sie der erlaubten Dosis von 50 Rad in 10 Jahren (Strahlenschutzvorschriften des NCRP-USA) ausgesetzt sind. Nimmt man an, daß sie 42 Jahre dort arbeiten, dann haben sie über diesen Zeitraum eine kumulierte Dosis von 210 Rad empfangen. Diese Dosis verkürzt, wie die Schätzungen ergeben, die Lebenszeit dieser Leute um zwei Drittel eines Jahres.

7. Strahlenschutz: Mensch und Natur im Kampf gegen Strahlung

Das Problem des Schutzes gegen ionisierende Strahlen — so beredt im Hamburger Denkmal für die Opfer der Strahlenforschung zum Ausdruck gebracht — hat mit dem Aufkommen der zivilisatorischen Strahlenumwelt gewaltig an Ausmaß und Schwere gewonnen.

Die Natur selbst hat gewisse Schutzmechanismen in lebende Systeme eingebaut, wie z. B. die Fähigkeit zur Erholung und zur Wiedergutmachung von Schäden der verschiedensten Art sowie die Fähigkeit, sich gegebenen Umweltbedingungen bis zu einem gewissen Grade anzupassen. Im Falle ionisierender Strahlen wirken diese Schutzmechanismen, solange die Strahlenbelastung des Organismus gering ist; im Falle hoher Strahlendosen aber sind zusätzliche Maßnahmen erforderlich. Diese können physikalischer, chemischer oder biologisch-physiologischer Art sein.

Physikalischer Strahlenschutz

Der einfachste und sicherste Strahlenschutz besteht darin, Strahlung am Treffen des biologischen Objekts möglichst zu verhindern. Dies kann nach drei physikalischen Prinzipien geschehen: durch Abschirmung des Körpers mit Hilfe strahlenabsorbierender Materialien; durch genügend große Entfernung von der Strahlenquelle; durch nur kurzfristiges Verweilen im Strahlenfeld der Strahlenquelle.

Tabelle 13. *Absorberdicke von Aluminium für Alphastrahlen*

Energie der Strahlen in MeV	Absorberdicke in mm
1	0,003
2	0,005
3	0,010
4	0,015
5	0,021

Abschirmen der Strahlung erfordert je nach Art und Energie der Strahlung verschiedene Materialien in verschiedener Dicke. Alphastrahlen werden schon von Papier oder sehr dünnen Metallfolien absorbiert; Betastrahlen von etwas dickeren Metallschichten, Röntgen- und Gammastrahlen von Bleiplatten (Tabellen 13, 14, 15). Wohlbekannt sind die Bleischürzen und Bleihandschuhe, die der Röntgenarzt zum Schutz gegen übermäßige Bestrahlung während röntgendiagnostischer Untersuchungen trägt; die Bleidecken, mit denen während Röntgendurchleuchtungen strahlenempfindliche Körperteile und Organe — insbesondere Keimdrüsen — des Patienten geschützt werden; die Schutzhauben um die Röntgenröhren herum und die in strahlentherapeutischen Anlagen baulich angebrachten Schutzvorrichtungen, wie absorbierende Wände, Strahlenschleusen und dergleichen. Mit der

Entwicklung der modernen Bildverstärker, die es gestatten, mit Dosen zu durchleuchten, die um Zehnerpotenzen kleiner sind als die bisher in der Röntgendiagnostik benötigten Dosen, sind beachtliche Fortschritte in bezug auf Schutz des Patienten, des Arztes und des Personals gemacht worden.

Tabelle 14. *Absorberdicke verschiedener Materialien zur vollständigen Absorption von Betastrahlen* (nach ZIMEN)

Energie der Strahlen in MeV	Absorberdicke in mm		
	Wasser	Glas	Kupfer
1	4	1,8	0,3
2	9	4,0	1,0
3	15	6,4	1,6
4	20	9,0	2,5

Tabelle 15. *Halbwertschichten verschiedener Strahlenschutzmaterialien für Röntgen- und Gammastrahlen* (nach ZIMEN)

Energie der Strahlen in MeV	Halbwertschichten* in cm		
	Wasser	Eisen	Blei
0,5	7,8	1,11	0,42
1	10,2	1,56	0,9
2	14,4	2,10	1,35
3	18,3	2,31	1,47
4	21,0	2,55	1,47

* Schichtdicke, die 50% der einfallenden Strahlung absorbiert.

Zur Absorption von Neutronen werden im allgemeinen wasserstoffhaltige oder leichtatomige Materialien verwendet, wie normales und schweres Wasser, Paraffin, Graphit, Bor und in Spezialfällen Betone, denen geeignete Absorbermaterialien, z. B. Baryt, beigemengt sind (Barytbetone). In besonderen Fällen werden laminierte Absorber benutzt. Diese bestehen aus Schichten verschiedener Materialien, die in einer solchen Reihenfolge angebracht sind, daß sie Neutronen mit verschiedenen Energien und die von ihnen im Absorbermaterial erzeugten Sekundärstrahlungen — wie Gammastrahlen — absorbieren. Um ein Beispiel zu nennen, sei hier die Dicke der Wasserschichten bzw. der Paraffinschichten gegeben, die 50% einer Neutronenstrahlung mit einer mittleren Energie von 5 MeV absorbieren. Diese Schichtdicken sind im Falle von Wasser: 9,6 cm und im Falle von Paraffin: 8,5 cm.

Abschirmung des ganzen Körpers gibt natürlich den größten Strahlenschutz, aber selbst Abschirmung nur einzelner Körperteile kann schon hohen Schutz gewähren, wobei das abgeschirmte Individuum noch den Vorteil großer Bewegungsfreiheit besitzt (Tabelle 16).

Tabelle 16. *Überlebensprozentsatz von Mäusen nach Röntgenbestrahlung mit 1025 R unter Abschirmung verschiedener Körperteile bzw. verschiedener Organe durch Bleiplatten* (nach ALEXANDER)

Abgeschirmter Körperteil oder Organ	Prozent der Tiere, die 30 Tage überleben
Nichts	0
Niere	0
Hinterbein	13
Eingeweide	27
Kopf	28
Leber	33
Milz	78
Ganzkörper	100

Eine universellere Anwendung dieser Idee stellt die Bestrahlung unter Benutzung von Bleisieben dar, die in rein statistischer Verteilung etwas von jedem Gewebe und jedem Organ — etwas Milz, etwas Leber, etwas Eingeweide, etwas Knochenmark — vor Strahlung schützen. Bei dieser Bestrahlungsmethode durchdringen bleistiftartige Strahlenbündel den Körper, wie aus Abb. 32 ersichtlich. Diese zeigt eine vom Rücken her durch ein Bleisieb mit Löchern von 1,9 mm Durchmesser mit Röntgenstrahlen bestrahlte Maus (schwarze C-57-Maus), deren Haare in den Lochbezirken gebleicht worden sind. Das Siebmuster, das auf dem Rücken erscheint, tritt genau koordiniert auch am Bauche auf — und wie histologische Studien ergeben haben — auch in den einzelnen Organen. Im Körper entstehen also bestrahlte Gewebesäulen, die von unbestrahltem, gesundem Gewebe (unter den Stegen) umgeben sind. Das wirkt so günstig auf die geschädigten Gewebekolonnen, daß in dieser Weise ein hoher Schutzeffekt zustande kommt.

Der erzielte Schutzeffekt hängt bei gleichem Öffnungsverhältnis des Siebes (50% offene zu 50% geschlossene Fläche) vom Durchmesser der Löcher ab. Je kleiner der Lochdurchmesser, desto größer ist der erzielte Schutzeffekt (Tabelle 17).

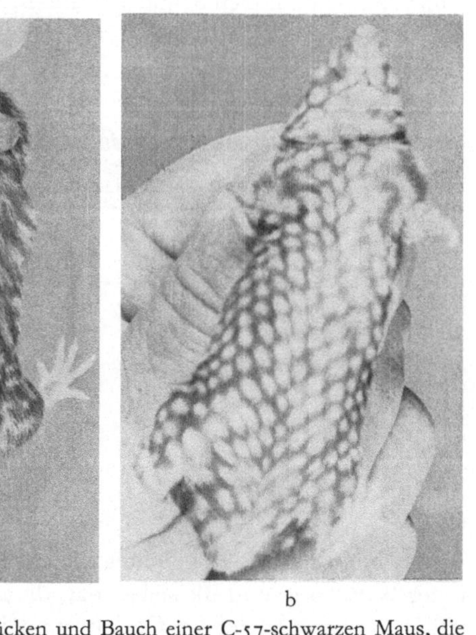

a   b

Abb. 32. Siebmuster auf Rücken und Bauch einer C-57-schwarzen Maus, die durch ein Sieb mit 1,5 mm weiten Löchern dorsal-ventral mit Röntgenstrahlen bestrahlt wurde

Fast genauso wirksam wie Schutz durch Abschirmung kann Schutz durch Anwendung des quadratischen Abstandsgesetzes sein. Je größer der Abstand von der Strahlenquelle ist, desto kleiner ist die Dosis, die das Objekt trifft, und zwar verringert sich die Dosis umgekehrt zum Quadrat des Abstandes von der Quelle. In 2 m Abstand von der Quelle ist die Dosis nur noch ein Viertel der Dosis in einem Meter Abstand, in 3 m Abstand ist sie nur noch ein Neuntel, und so fort.

Bei der photographischen Platte ist für die Schwärzung bei gegebenem Abstand von der Lichtquelle die Belichtungszeit maßgebend. Genau so hängt bei ionisierender Strahlung der „Schaden“ von der Zeitspanne ab, die das Objekt in gegebenem Abstand von der Strahlenquelle verbringt. Je kürzer diese Zeit ist, desto kleiner ist der biologische Effekt, desto größer also der erreichte Strahlenschutz.

Außer diesem physikalischen Strahlenschutz bestehen noch andere Möglichkeiten, Mensch und Tier und zum Teil auch Pflanze vor Strahlenschaden zu schützen. Diese sind: 1. Eingriffe in den Ablauf der Strahlenreaktionskette (S. 21) an geeigneter Stelle und mit geeigneten Mitteln, z. B.

Tabelle 17. *Überlebensprozentsatz von Mäusen, die durch Siebe mit einem Öffnungsverhältnis 50/50 mit Röntgenstrahlen bestrahlt worden sind. Gesamtdosis immer die gleiche: 200 Kilogrammröntgen, Lochdurchmesser verschieden* (nach KEREIAKES und Mitarbeiter)

Lochdurchmesser in cm	30 Tage Überlebende in %
Offenes Feld	21
1,0	16
0,66	37
0,44	68
0,32	84

Eingriff in chemische Vorgänge durch Zusatz geeigneter Chemikalien vor der Bestrahlung (chemischer, prophylaktischer Strahlenschutz), 2. Unterstützung natürlicher Abwehrvorgänge im bestrahlten System und 3. Ersatz geschädigter Zellen und Gewebe durch neue, funktionstüchtige Zellen bzw. Gewebe nach der Bestrahlung (biologisch-physiologischer Strahlenschutz).

Prophylaktischer, chemischer Strahlenschutz

Ionisierende Strahlen können biologische Effekte auf zwei Arten erzeugen, entweder auf direktem oder auf indirektem Weg. Im vorhergehenden war die Betonung auf den direkten Effekten, die durch „physikalische Treffer" in einem lebenswichtigen Komplex ausgelöst werden. Indirekt werden ionisierende Strahlen auf einem Umweg wirksam, und zwar dadurch, daß sie im bestrahlten System chemische Zwischenprodukte erzeugen, die zum lebenswichtigen Komplex hindiffundieren und ihn verändern. Man spricht vom indirekten Effekt, vom „chemischen Treffer".

Geht man, wenn es sich um eine Zelle handelt, von den zahlenmäßig gegebenen Verhältnissen aus, so werden die Wassermoleküle, die an Zahl alle anderen Molekülarten in der Zelle weit übertreffen, wohl die ersten, für indirekte Effekte in Frage kommenden Zielscheiben sein. Dies ist in der Tat der Fall, wie ausgedehnte Versuche über die Radiolyse des Wassers ergaben.

Trifft Strahlung auf Wasser, auf wässerige Lösungen oder biologische Systeme, so spielen sich in kürzester Zeit — in etwa 10^{-12} bis 10^{-6} Sekunden — Prozesse ab, die zur Bildung freier Wasserstoff-Radikale H und Hydroxyl-Radikale OH führen; chemisch außerordentlich aktiv, wirken sie reduzierend und oxydierend auf Reaktionssysteme in ihrer Nachbarschaft. Die Radiolyse des Wassers beginnt damit, daß die energiereiche Strahlung ein Elektron aus einem Wassermolekül herausschlägt, so daß ein positives Ion H_2O^+ entsteht (Gleichung 1). Das herausgeschlagene Elektron lagert sich an ein Wassermolekül an und bildet ein negativ geladenes Ion H_2O^- (Gleichung 2).

$$H_2O \xrightarrow{\text{ionisierende Strahlung}} H_2O^+ + e^- \tag{1}$$

$$H_2O + e^- \longrightarrow H_2O^- \tag{2}$$

Die so erzeugten Ionen sind aber wenig stabil und zerfallen sofort in zwei freie Radikale und zwei stabile Ionen

$$H_2O^+ \longrightarrow H^+ + OH\cdot$$

$$H_2O^- \longrightarrow OH^- + H\cdot$$

Die Radikale OH· und H· selbst können reduzierend und oxydierend auf Reaktionssysteme in ihrer Umgebung wirken; sie können miteinander und untereinander reagieren, wobei im Falle der OH-Ionen eine neue oxydierende Substanz H_2O_2 entsteht. Ist Sauerstoff anwesend, so können sich noch weitere stark oxydierende Substanzen bilden, die biologisch von größter Bedeutung sind. Abb. 33 gibt ein Schema der Prozesse in bestrahltem Wasser bei Anwesenheit und bei Abwesenheit von Sauerstoff.

Nach diesem Schema sollte es möglich sein, Strahlenschäden durch Erniedrigung der Sauerstoffkonzentration während der Bestrahlung zu vermindern, also das System gegen Strahlung zu „schützen“. Zwei Versuche mögen die Richtigkeit dieser Vermutung beweisen. Im ersten Versuch wurden Ratten mit 800 R ganzkörperbestrahlt, eine Gruppe in einer 20%-Sauerstoffatmosphäre, eine Gruppe in einer 5%-Sauerstoffatmosphäre. Im ersten Falle (20% O_2) waren alle Tiere schon lange vor Ablauf der 30tägigen Beobachtungszeit tot, im zweiten Falle (5% O_2) waren alle Tiere 30 Tage nach der Bestrahlung noch am Leben. Selbst bei Dosen von 1400 R konnte durch Erzeugung von „Hypoxie" noch beachtlicher Schutz erzielt werden (Tabelle 18).

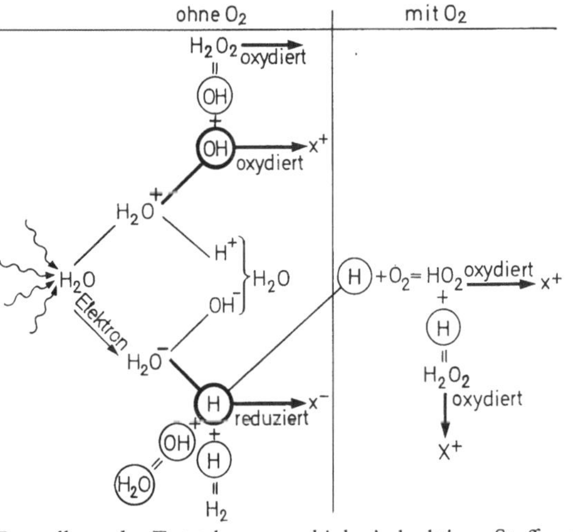

Abb. 33. Darstellung der Entstehung von biologisch aktiven Stoffen nach Bestrahlung von Wasser in Abwesenheit von Sauerstoff (links) und in Anwesenheit von Sauerstoff (rechts). X = Reaktionssystem

Im zweiten Versuch — der uns mitten ins Gebiet des chemischen Strahlenschutzes führt — wurde Mäusen vor der Bestrahlung eine nichttödliche Dosis von Cyanid (NaCN) gegeben, das als schweres Atmungsgift bekannt ist. Es hemmt die Cytochrom-Oxydase und erzeugt eine generelle Atmungsdepression, die dann in Form von

Tabelle 18. *Einfluß von Hypoxie auf das Überleben röntgenbestrahlter Ratten* (nach DOWDY, BENNETT und CHASTEIN)

Strahlendosis in R	Prozentsatz der überlebenden Tiere bei Atmung	
	in Luft	in 5%-Sauerstoff
600	63	100
800	0	100
1000	0	91
1200	0	81
1400	0	29

Hypoxie den Schutzeffekt gegen Strahlung bringt. So überleben 75 % von mit 0,1 mg Cyan behandelten Tieren 30 Tage, während keines der Kontrolltiere den 7. Tag nach der Bestrahlung überlebt.

Ähnlich liegen die Verhältnisse für andere chemische Substanzen, die — weniger giftig als Cyan — imstande sind, den chemischen Vorgängen in der Strahlenreaktionskette entgegenzuwirken. Unter ihnen ist an erster Stelle die Aminosäure Cystein zu nennen,

$$SH - CH_2 - CH \begin{cases} NH_2 \\ COOH \end{cases}$$

die erstmalig 1949 von Patt und Mitarbeitern mit großem Erfolg zum Schutz von Ratten, Mäusen und Zellen gegen Röntgenstrahlen angewandt worden ist. Ratten z. B., 30 Minuten vor der Bestrahlung mit Cystein behandelt, zeigten eine beträchtliche Erhöhung ihrer Strahlentoleranz. An Stelle der normalen LD 50/30 von etwa 780 R zeigten sie eine LD 50/30 von etwa 1120 R auf Grund der Verabreichung von Cystein vor der Bestrahlung (Abb. 34).

Nun hatte man kurz zuvor beim Arbeiten mit chemischen Systemen beobachtet, daß wässerige Lösungen von Sulfhydrilenzymen durch Zusatz von Chemikalien gegen Zersetzung durch Röntgenstrahlen geschützt werden können, und so löste der frappante Erfolg der Anwendung dieses Prinzipes auf In-vivo-Schutz lebhafte Diskussionen über mögliche Mechanismen aus. Man sprach mit kühner Phantasie vom „scavenger" effect, vom „trapping" effect und besonders gern vom Käfig-Effekt („cage" effect), in dem die Spaltprodukte bestrahlten Wassers, die chemisch so aggressiven freien Radikale — wie Vögel in einen Käfig eingesperrt — am Erreichen lebenswichtiger Zentren (z. B. Sulfhydrilenzyme) verhindert werden sollten — alles Hypothesen, die bald an Bedeutung gewinnen sollten, als es gelang, mit modernen physikalischen Hilfsmitteln die Erzeugung freier Radikale in biologischen Objekten durch ionisierende Strahlen zu demonstrieren und zu messen.

Patt und Mitarbeiter bestimmten auch schon, welche Faktoren für die Erzielung eines hohen Schutzeffektes von Bedeutung sind:

Menge der verabreichten Substanz, Zeit zwischen Verabreichung und Bestrahlung sowie Art und Weise der Einführung in den Körper, ob intravenös, intraperitoneal oder oral.

Die Wirksamkeit eines Schutzstoffes wird durch den Dosis-Reduktion-Faktor (DRF) charakterisiert. Dieser ist das Verhältnis

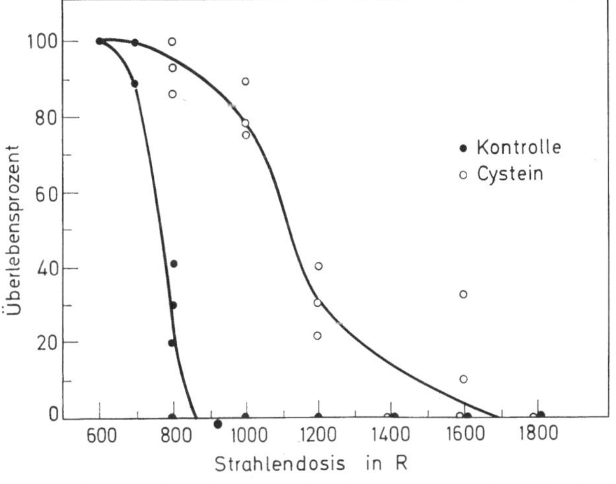

Abb. 34. Dosis-Mortalitäts-Kurve weißer Ratten ohne und mit Verabreichung von Cystein vor der Bestrahlung. • Unbehandelte Tiere, o mit Cystein vorbehandelte Tiere

der LD 50/30 des Objektes mit Schutzsubstanz zur LD 50/30 ohne Schutzsubstanz. So beträgt der DRF für Cystein im Falle des Rattenexperiments von Abb. 34 in etwa 1100/700 = rund 1,6, was als guter DRF betrachtet wird. Im Falle des Sauerstoffexperiments von DOWDY und Mitarbeitern mit Ratten würde der DRF 1300/600 etwa 2,1 sein. Im allgemeinen liegen für die gebräuchlichen Schutzstoffe die DRF zwischen 1,5—2 für Tiere und zwischen 12—14 für Bakterien. Neben einem hohen DRF sollte eine gute Schutzsubstanz noch den folgenden Bedingungen genügen: 1. geringe Giftigkeit; 2. leichte Verabreichungsmethode, am besten per os; 3. schnelle Aufnahme und gute Verteilung im Körper; 4. günstige Zeit zwischen Verabreichung und Bestrahlung; 5. lange Verweilzeit und Reaktionsbereitschaft im Körper und 6. keine Kumulationseffekte bei wiederholter Verabreichung.

Heute sind viele Substanzen bekannt, die — mehr oder weniger gut die idealen Bedingungen erfüllend — für den prophylaktischen Strahlenschutz zur Verfügung stehen. Zu ihnen gehören:

die Thiole, sulfhydrilhaltige Verbindungen, wie Cystein, Cysteamin und ihre Abgeleiteten,
pharmakologisch aktive Substanzen, wie Cyanide, Nitrite, Tryptan, Oxytryptan (Serotonin), Benzedrin u. a.,
Substanzen mit spezifischen Schutzcharakteristiken, wie Thioharnstoff, ATP
Metabolite, wie Glukose, Proteine
Vitamine und Hormone
Öle, wie Olivenöl und Paraffinöl
Verschiedenes anderes, wie Lycopen, Kraut und Krautsäfte, bakterielle Endotoxine, Vaccine, Hefeextrakte, Bienengift usw.

Mit viel Energie und einer Systematik größten Ausmaßes hat sich in den vergangenen Jahren das Radiologische Institut der Universität Freiburg unter LANGENDORFFS Leitung dieses Gebietes angenommen und in über 87 Veröffentlichungen, allein in der Strahlentherapie, qualitative und quantitative Beiträge zu den Problemen des chemischen Strahlenschutzes und zu den Diskussionen über mögliche Effektmechanismen gegeben. In aller Welt, insbesondere in den großen Forschungsinstituten der USA, werden viele Millionen gespendet, um dieses Gebiet des prophylaktischen Strahlenschutzes weiter zu ergründen und praktisch verwertbar zu machen.

Forschungen auf dem Gebiet des chemischen Strahlenschutzes bringen zu gleicher Zeit Informationen 1. über die Faktoren, die eine chemische Substanz zu einer guten Schutzsubstanz machen, wie z. B. Bau des Moleküls. So ist bekannt, das ein guter Sulfhydrilschutzkörper eine SH-Gruppe und eine NH_2-Gruppe haben muß, die durch nicht mehr als drei Methylengruppen voneinander getrennt sein dürfen; 2. über den Ablauf strahleninduzierter Prozesse im bestrahlten Objekt und 3. über die Mechanismen, die im Schutzprozeß zwischen chemischer Substanz und biologischem System wirksam sind.

Gerade der letzte Punkt ist von besonderer Bedeutung, da die Schutzmechanismen, wie schon aus der Wirksamkeit so vieler, verschiedener Substanzen ersichtlich, sehr mannigfaltig sein mögen. Unter den bisher vorgeschlagenen Hypothesen steht das Konzept der Erzeugung freier Radikale durch ionisierende Strahlen in biologischen Systemen an erster Stelle. Diese Hypothese gewann an Wahrscheinlichkeit, als es 1957 G. ZIMMER, L. EHRENBERG und A. EHRENBERG gelang, mit den Methoden der modernen Mikrowellenspektroskopie die Bildung freier Radikale in normalen biologischen Objekten durch Röntgenstrahlen zu demonstrieren und messend zu verfolgen. Diese Technik kann mit den Absorptionstechniken, wie sie in Physik, Chemie und Physiologie zur Messung der Absorption sichtbaren Lichtes in Farblösungen üblich sind, verglichen werden, nur daß es bei der Mikrowellenspektroskopie um die Absorption elektromagnetischer Wellen im Zentimetergebiet geht. Sobald nämlich in einem geeigneten biologischen Objekt durch ionisierende Strahlen freie Radikale erzeugt werden, wird eine bestimmte Mikrowellenfrequenz stark absorbiert, was vom Instrument in Form einer „Absorptionskurve" registriert wird*:

Ohne auf die Theorie der Mikrowellenspektroskopie freier Radikale — die auf wellenmechanischen Vorstellungen beruht — näher einzugehen, sind in Abb. 35 solche „Absorptionskurven" für ruhende Grassamen *(Agrostis stolonifera)* wiedergegeben. Im Falle A handelt es sich um normale, unbestrahlte Samen; im Falle B um dieselben Samen nach Röntgenbestrahlung. Die Änderungen in Höhe und Breite der Kurve im Falle B sind durch das Auftreten zahlreicher freier Radikale in den Samen als Folge der Röntgenbestrahlung bedingt. Die Zahl der freien Radikale kann mit Hilfe von Vergleichsstandarden bestimmt werden, so daß diese Mikrowellenspektroskopiemethode nicht nur qualitativ die Vorstellungen über die Erzeugung freier Radikale in biologischen Systemen durch energiereiche Strahlen bestätigt, sondern auch quantitative Aussagen gestattet. Noch interessanter — und ein weiterer Beweis für die Richtigkeit unserer Vorstellungen über einen der möglichen Mechanismen bei der Entstehung des Strahlenschadens — ist die

---

* Aus technischen Gründen geben die gebräuchlichen Mikrowellenspektrometer — auch „Elektronspinresonanzapparate" genannt — die erste Abgeleitete des Spektrums und nicht das Spektrum selbst wieder, was aber für unsere Diskussion nicht von Bedeutung ist.

Tatsache, daß durch Behandlung der Samen mit chemischen Schutz-
substanzen vor der Bestrahlung die Zahl der strahlenerzeugten
freien Radikale verringert wird — in Übereinstimmung mit dem
makroskopisch an den Samen zu beobachtenden Schutzeffekt.

Zur Erklärung des Schutzeffektes chemischer Substanzen sind
noch andere Hypothesen aufgestellt worden. Durch alle zieht sich

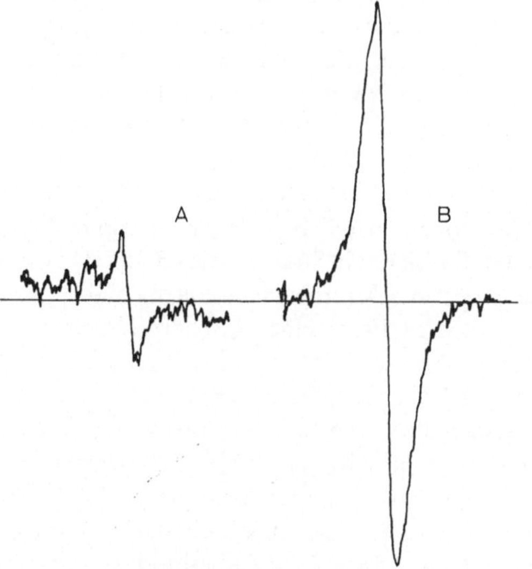

Abb. 35. Mikrowellenabsorption in Grassamen *Agrostis stolonifera* mit 3,1%
Wassergehalt

aber wie ein roter Faden die Frage, ob und inwieweit nicht jede
dieser Substanzen mehr oder weniger stark zu einem Sauerstoff-
effekt führt, indem in den Zellen und Zellkomplexen des behandelten Systems Sauerstoffmangel erzeugt wird — der ja, wie schon
früher dargelegt, eine große Schutzwirkung ausübt.

Interessante Ansätze, durch Kombination verschiedener Schutz-
substanzen — ähnlich dem Prinzip der Multivitamintablette —
höhere Schutzwirkung zu erzielen, liegen ebenfalls vor. Genauso
ist mit Erfolg versucht worden, durch Extrakte von sehr strahlen-
resistenten Systemen (wie z. B. Mikrokokkus radiodurans) weniger strahlenwiderstandsfähige Systeme (wie z. B. E-Colibakterien)
zu schützen.

Dieser Abschnitt kann jedoch nicht abgeschlossen werden ohne einen kurzen Hinweis, zum mindesten in bezug auf Schutz gegen chronische Bestrahlung mit kleinen Dosen und Schutz gegen die mutationsauslösende Wirkung ionisierender Strahlen. Chemische Verbindungen geben — ganz in Übereinstimmung mit unseren Vorstellungen über die Wirkungsmechanismen — wenig Schutz gegen chronische Bestrahlung mit kleinen Dosen. In bezug auf Schutz gegen genetische Effekte energiereicher Strahlen haben die letzten Jahre gewaltige Fortschritte gebracht. A. CONGER, einer der Pioniere auf diesem Gebiet, hat das kürzlich etwa so formuliert: Vor zwanzig Jahren wäre es undenkbar gewesen, über genetischen Strahlenschutz zu schreiben; vor zehn Jahren wäre es, vergleichsweise, hoffnungsvoll erschienen; heute ist genetischer Strahlenschutz mit Hilfe verschiedener Mittel vor und nach der Bestrahlung schon eine Tatsache.

Nachbehandlung von Strahlenschäden, Strahlenschutztherapie

Strahlenschutz nach erfolgter Bestrahlung ist eine besondere Aufgabe. Hier ist die Strahlenreaktionskette zum Teil schon abgelaufen, und die richtige Stelle zur Auslösung erfolgreicher Gegenreaktionen zu finden, ist schwer. Nichtsdestoweniger kennt man heute bereits wirksame Verfahren zur Nachbehandlung bestrahlter Bakterien, strahlenausgelöster Mutationen und ganzkörperbestrahlter Tiere. So lassen sich durch Änderung der Umweltfaktoren, z. B. der Temperatur, eindrucksvolle Effekte in bestrahlten Bakterien, unterkühlten Fröschen, mit Kälte behandelten Fischen und winterschlafenden Tieren erzielen.

Diättherapie, Verabreichung von Antibiotika, Flüssigkeiten und Elektrolyten ändern das akute Strahlensyndrom und seinen Ablauf in Ratten und Hunden. Durch gleichzeitige Verabreichung von Insulin, Calciumchlorid, Magnesiumsulfat und Hydroxyiden sowie Krautsaft läßt sich die LD 50/30 für Kaninchen von 870 R auf 1260 R erhöhen.

Nachbehandlung von bestrahlten Brutknospen von *Bryophyllum tubiflorum* mit Procainchlorid führt — wie Versuche im Reaktorzentrum Jülich ergeben haben — zu einer Erhöhung der Überlebensrate und Überlebenszeit der Pflanzen, des Frisch- und Trockengewichtes und der Wurzellänge. Ratten nach Bestrahlung mit Procainchlorid gefüttert, zeigen während des ganzen Versuches glattes Fell, glänzende Augen und nehmen im Gegensatz zu Kontrolltieren — die bald nach der Bestrahlung sterben — ständig an Gewicht zu (Abb. 36).

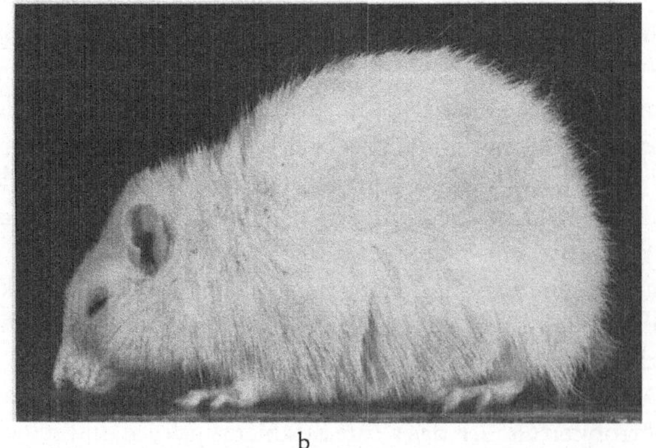

a

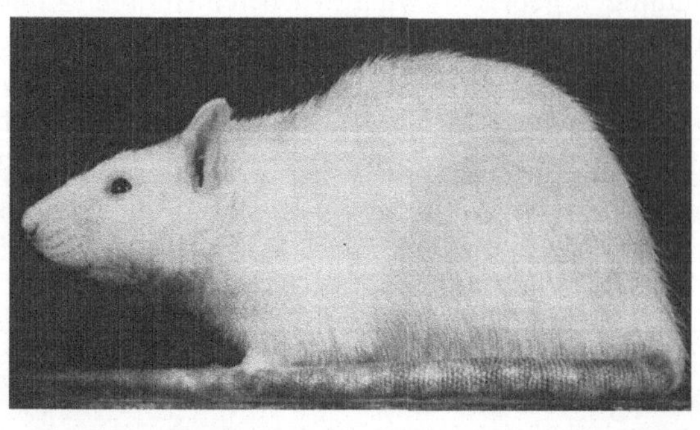

b

Abb. 36. 4½ Monate alte, mit 770 R (Caesiumquelle) bestrahlte Ratten, 5 Tage nach der Bestrahlung. Oben: normal weitergefüttertes Tier. Unten: Tier, das gleich ernährt wurde, aber in seiner Nahrung zusätzlich Procainhydrochlorid erhielt

Die große Domäne der „Therapie des Strahlenschadens" jedoch liegt auf biologisch-physiologischem Gebiet. Sie beruht auf dem Konzept des Ersatzes und der Substitution strahlengeschädigter Zellen eines bestrahlten Organismus durch gesunde Zellen eines normalen Organismus. Dieses ist eine so revolutionäre Idee

— allen Regeln der Immunbiologie widersprechend — daß vielleicht auch deshalb diesbezügliche, schon 1912 und 1922 ausgeführte Experimente keinen Widerhall fanden.

Die moderne Entwicklung beginnt mit den Versuchen JACOBSONS und seiner Mitarbeiter, die Sterblichkeit tödlich bestrahlter

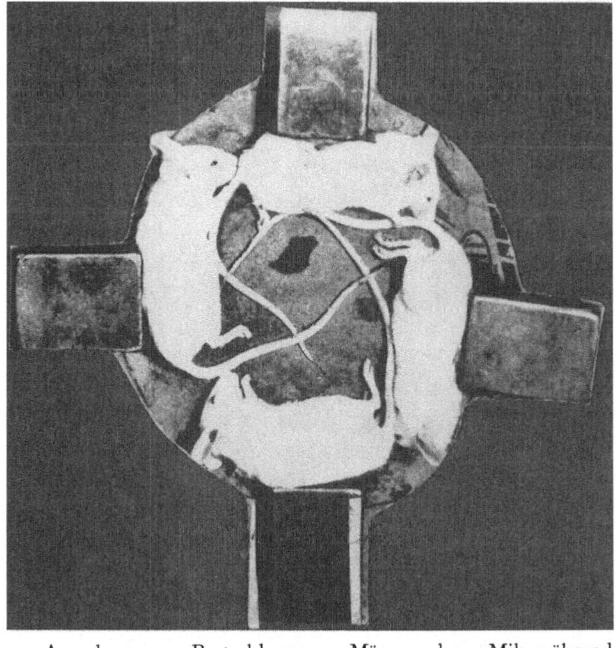

Abb. 37. Anordnung zur Bestrahlung von Mäusen, deren Milz während der Bestrahlung operativ nach außen verlegt, durch Bleikästchen geschützt wird

Mäuse durch Abschirmung der Milz während der Bestrahlung oder durch intra-abdominale Transplantation gesunder Milz von normalen Tieren nach der Bestrahlung zu verringern. Bereits bei der Abschirmung der Milz während der Bestrahlung folgte JACOBSON nicht dem üblichen Brauch. Statt die Milz des Tieres in ihrer natürlichen Lage durch einen Bleischirm abzudecken, verlagerte sie JACOBSON operativ (ohne den Pedicle zu durchschneiden!) nach außen, umhüllte sie mit Blei und bestrahlte so das Tier (Abb. 37).

Tabelle 19. *Einfluß der Abschirmung der Milz während der Röntgenbestrahlung auf die Sterblichkeit weißer Mäuse* (nach JACOBSON und Mitarbeiter)

Strahlendosis in R	Sterblichkeit der Tiere in Prozent	
	ohne	mit
	Abschirmung der Milz	
600	50	0
950	95	9
1025	97	25
1100	100	51
1300	100	62

Nach der Bestrahlung wurde die Milz wieder in den Tierkörper zurückgebracht und die Sterblichkeit der Tiere während der folgenden 30 Tage registriert. Tabelle 19 bringt die dabei erhaltenen Resultate und zum Vergleich die Sterblichkeit der Kontrolltiere. Ähnliche Erfolge lassen sich erzielen, wenn die Tiere zunächst in normaler Weise bestrahlt werden und ihnen dann nach der Bestrahlung die Milz gesunder Tiere in die Bauchhöhle verpflanzt oder Gewebshomogenate von junger Milz und embryonaler Leber injiziert werden. In beiden Fällen wird das „fremde Gewebe" vom bestrahlten Tierkörper angenommen und beginnt dort, wie das Überleben der so behandelten Tiere zeigt, biologisch zu funktionieren.

Zur Erklärung des Schutzeffektes nahmen JACOBSON und Mitarbeiter das Wirksamwerden humoraler Faktoren in den Austauschvorgängen zwischen „Geber"- und „Empfänger"gewebe an. Erst später — als Versuche mit zellfreien Extrakten keinen oder nur geringen Schutz gewährten und neue Ansichten über die Immunreaktionen nach Bestrahlung an Boden gewannen — entschied man sich für das Wirksamwerden zellularer Faktoren. In der Tat „siedeln" sich die injizierten Zellen in den verschiedenen Systemen des hämatopoetischen Systems an, wie Abb. 38 so eindrucksvoll am Knochenmark bestrahlter Tiere nach Behandlung mit Milzzellsuspensionen zeigt.

Mit diesen Experimenten war ein neues Prinzip in die Nachbehandlung des Strahlenschadens eingeführt — das Prinzip der erfolgreichen Gewebstransplantation von einem gesunden auf ein bestrahltes Tier — das durch die bald nachfolgenden Experimente des leider viel zu früh verstorbenen E. LORENZ mit Knochenmarksuspensionen nicht nur seine Bestätigung, sondern ein entsprechendes Echo in der medizinischen und biologischen Welt fand. Und doch war die von LORENZ und Mitarbeitern angewandte Methode so grundlegend einfach, daß SMITH und CONGDON 1960 — nach Hunderten von Tagungen und Tausenden von Veröffentlichungen allein über die immunbiologische Seite des Phänomens — schreiben: „ . . . dieses ist das fundamentale Knochenmarkexperiment, und die Methoden, obwohl verfeinert, sind im Grunde unverändert geblieben." In ihren ersten Experimenten entnahmen LORENZ und Mitarbeiter mit einer Injektionsspritze Knochenmark aus dem Femur normaler Mäuse, suspendierten es in gepufferter Kochsalzlösung und injizierten es intravenös oder intraperitoneal in tödlich bestrahlte Mäuse (Abb. 39).

Die Sterblichkeit so behandelter Tiere betrug nach Ganzkörperbestrahlung mit 900 R rund 25%, während unbehandelte Tiere eine Sterblichkeit von 100% zeigten (Abb. 40). LORENZ benutzte in seinen

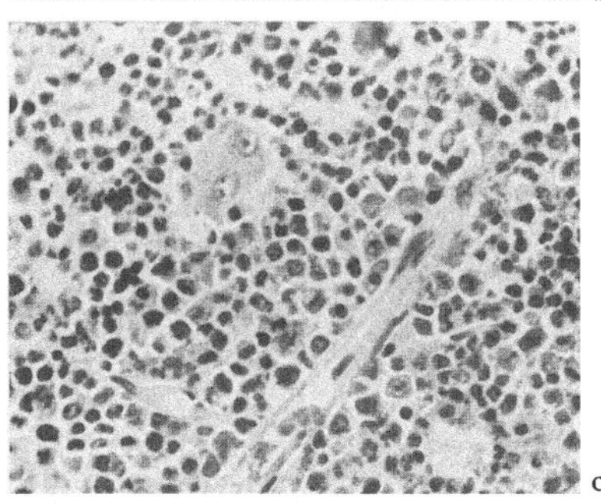
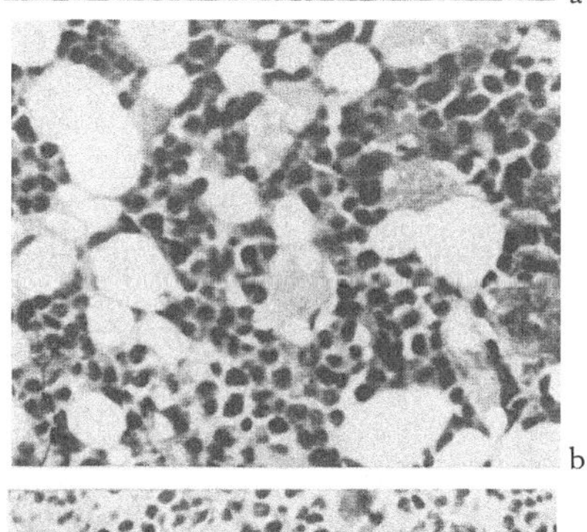
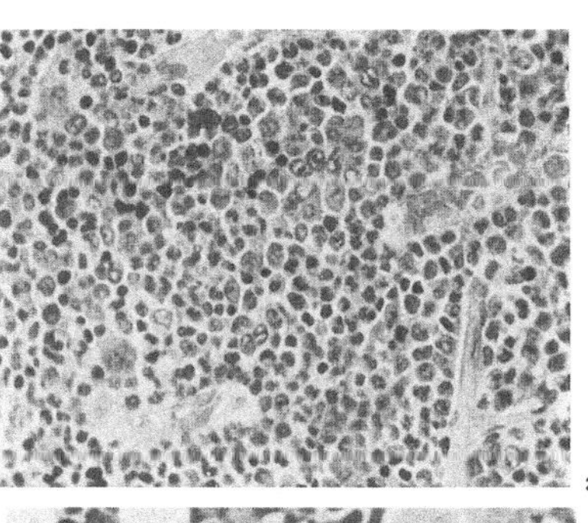

Abb. 38. Wiederbevölkerung von durch Röntgenstrahlen entvölkertem Knochenmark durch Injektion von Milzzellsuspension nach der Bestrahlung. a) normale Ratte, b) bestrahlte Ratte, c) nach Bestrahlung mit Milzzellsuspension behandelte Ratte

Pionierarbeiten isologes Knochenmark, d. h. Knochenmark von Mäusen desselben Inzuchtstammes, aber auch Behandlung be-

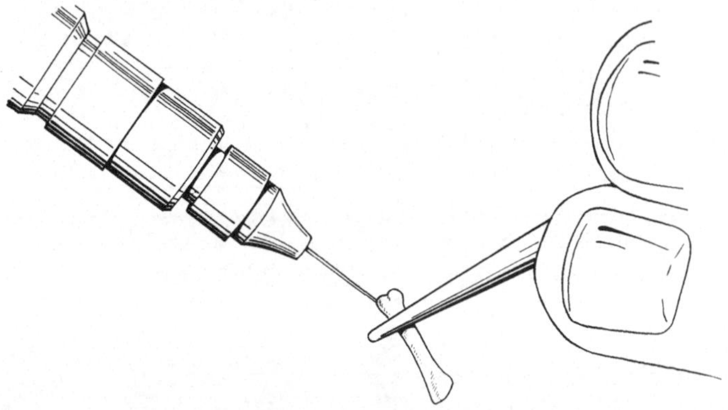

Abb. 39. Fundamentale Methode der Entnahme von Knochenmark aus dem Femur einer Maus für Transplantationszwecke (schematisch)

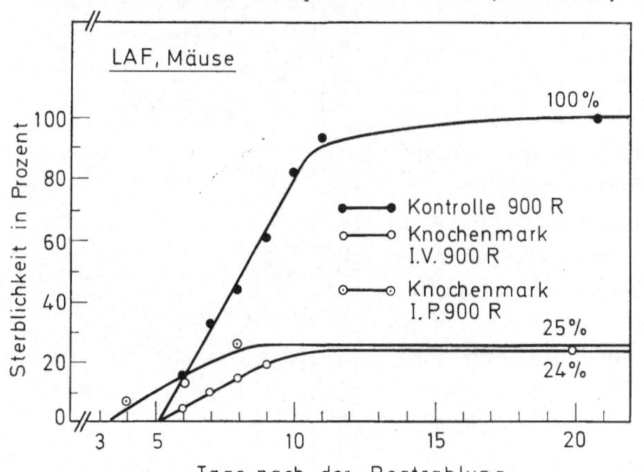

Abb. 40. Schutz von Mäusen gegen Strahlentod durch Injektion von Knochenmark nach der Bestrahlung

strahlter Mäuse mit Knochenmark von Mäusen eines anderen Stammes* verhindert den akuten Strahlentod.

* Autologes Knochenmark: von demselben Individuum; isologes Knochenmark: von Mitglied desselben Inzuchtstammes; homologes Knochenmark: von derselben Art, aber verschiedenen Stammes; heterologes Knochenmark: von verschiedenen Arten und Individuen.

Um den Effekt zu erzielen, muß jedoch eine Mindestzahl von Knochenmarkszellen in das Tier injiziert werden. Als Schwellenwert gelten im Falle isologen Knochenmarks etwa 12×10^6 Zellen, was ungefähr der Zahl der Knochenmarkszellen im Femur einer 12—14 Wochen alten Maus entspricht. Auch die Zeit der Injektion nach der Bestrahlung ist für den Erfolg ausschlaggebend. Für Mäuse liegt die günstigste Zeit einige Stunden nach der Bestrahlung; Verabreichung der Zellen nach mehr als einem Tag ist nicht zu empfehlen. In diesem Falle wird das Immunsystem der bestrahlten Maus — das durch die Bestrahlung ja auch geschädigt wird — schon teilweise wieder aktiv und vermindert die Ansiedlung der injizierten Zellen.

Im allgemeinen überleben tödlich bestrahlte Mäuse nach Behandlung mit isologem Knochenmark die 30tägige Beobachtungsperiode zu 100%, und ein großer Teil der überlebenden Tiere bleibt für viele Monate gesund. Wird homologes Knochenmark als Substitution gegeben — was für viele Tierarten durchgeführt worden ist — dann zeigen die so behandelten Tiere in den ersten zwei bis drei Wochen dieselbe hämatopoetische Erholung wie Tiere, die mit isologem Knochenmark behandelt worden sind. Während und nach der dritten Woche jedoch fangen sie an, Gewicht zu verlieren, bekommen ein struppiges Fell und Durchfall und gehen nach einigen Monaten ein. Nur die Tiere, die diese Periode überstehen, leben dann für viele Monate. Diese Erkrankung — „zweites Syndrom“ oder „Sekundärkrankheit“ genannt — ist ein großes Problem, wenn es sich um die Ausarbeitung einer wirkungsvollen Substitutionstherapie mit „fremdem“ Knochenmark handelt. So schützt zwar Transplantation von Rattenknochenmark 50 aus 100 bestrahlten Mäusen in den ersten 30 Tagen nach der Bestrahlung — und das gilt auch für andere Tierarten —, dann aber setzt auch hier die Sekundärkrankheit ein, der viele der Tiere zum Opfer fallen.

Trotzdem hat das Auftreten dieser Krankheit eine große Bedeutung für die Entwicklung des therapeutischen Strahlenschutzes gehabt. Sie hat die Aufmerksamkeit auf die immunbiologischen Vorgänge gelenkt, die sich abspielen, wenn injizierte Zellen (vom Spender) mit Zellen des bestrahlten Tieres (Empfänger) in Wechselwirkung treten. Bekanntlich sind Gewebe- und Organtransplantationen nur bei ein und demselben Individuum oder eineiigen Zwillingen möglich. In allen anderen Fällen reagiert der Empfänger heftig gegen die Zellen des Spenders und sucht sie als „Fremdkörper" in seinem System unschädlich zu machen. Im Falle einer Bestrahlung wird nun diese Abwehrfähigkeit im bestrahlten Individuum — die auf immunbiologischen Reaktionen beruht — geschwächt, unter Umständen sogar ganz ausgeschaltet. Dann siedeln sich die injizierten Knochenmarkszellen in dem bestrahlten Tier an und beginnen in seinem hämatopoetischen System zu funktionieren. Als Folge davon erholt sich das Tier und nimmt unter anderem auch seine Immuntätigkeit wieder auf. Dann erkennt es die injizierten Knochenmarkszellen als Fremdlinge, und ein Kampf zwischen Wirt (bestrahltes Tier) und Zellen vom Spender (gesundes Tier) beginnt. In diesem Kampf wird das bestrahlte Tier selten unterliegen, aber es wird bestimmt krank.

Es kann aber auch je nach den Umständen zu einem Kampf von Spenderzellen gegen Wirtszellen (bestrahltes Tier) kommen. Mit jeder Knochenmarkinjektion werden nämlich auch Zellen injiziert, die ein aktives Immunsystem aufbauen können. Diese Zellen sind keineswegs passiv. Im Gegenteil, während die injizierten Knochenmarkszellen das blutbildende System des bestrahlten Tieres wieder aufbauen und funktionstüchtig machen, haben diese Zellen ein neues aktives Immunsystem ins Leben gerufen. Dieses sieht in den Zellen des nun vom Strahlenschaden erholten Tieres Fremdlinge, die es sofort heftig angreift und vernichtet. Ein harter Kampf zwischen Spenderzellen und Wirtszellen entbrennt, in dem — wie die Sekundärkrankheit zeigt — das bestrahlte Tier nicht immer Sieger bleibt.

In den letzten Jahren sind gewaltige Anstrengungen gemacht worden, ein Mittel zur Verhinderung dieser Entwicklung zu finden. Bisher aber sind alle Bemühungen erfolglos geblieben. Da sowohl heterologe als auch homologe Knochenmarktransplantationen zur Sekundärkrankheit führen, ist zur Zeit die einzig erfolgreiche Knochenmarkstherapie nach Bestrahlung die Behandlung mit autologem Knochenmark. Dieses muß dann, bevor das Individuum sich Strahlung aussetzt, unter entsprechenden Vorsichtsmaßnahmen abgenommen und bis zum Gebrauch entsprechend gelagert werden. Dies ist unter anderem eine der Möglichkeiten, die ernstlich zum Schutze von Weltraumfahrern diskutiert werden. Obwohl kein Zweifel besteht, daß es Situationen geben kann, in denen Verfügbarkeit von autologem Knochenmark das Leben nicht retten kann (im Bereich des gastro-intestinalen Todes und des Zentralnervensystemtodes) entscheidet im Falle des hämatopoetischen Strahlenschadens die Transplantation von autologem Knochenmark über Leben und Tod.

Schutz gegen innere Bestrahlung: Sind radioaktive Substanzen in den Körper gelangt (Berufsunfälle, Radiumvergiftungen, Einatmung radioaktiven Staubes, Fallout), so gibt es nur einen Schutz gegen die „Bestrahlung von innen": schnellste Dekorporation der radioaktiven Substanz, bevor diese sich im Körper fest verankert. In den ersten Radiumvergiftungsfällen der zwanziger Jahre versuchte man — da Radium seiner chemischen Natur nach sich im Knochensystem ablagert — durch Verabreichung von Vigantol, Viosterol und durch Änderung des Mineralstoffwechsels durch Diät eine „Demineralisation" und damit eine Mobilisierung und Ausscheidung des inkorporierten Radiums zu erzeugen. Heute stehen weit bessere Substanzen zur Mobilisation inkorporierter radioaktiver Substanzen zur Verfügung. Unter ihnen nehmen — neben einigen schon sehr früh benutzten Substanzen, wie Zirkoniumzitrat — die Komplexbildner EDTA (Äthylendiamintetraessigsäure) und DTPA (Diamylentriaminpentaessigsäure) eine besondere Stellung ein. Diese Substanzen—fähig, mit Metallen ringförmige Verbindungen einzugehen (Chelate, vom griechischen chele = Klaue) — binden auch radioaktive Elemente, die meistens metallischen Charakter besitzen. Diese werden dann mit dem Chelat — die chelatierenden Substanzen haben im Durchschnitt nur kurze Verweilzeiten im Körper — aus dem Körper ausgeschieden. So sind bei gleichzeitiger intravenöser Verabreichung von Radiocer mit 100 Mikromol des Komplexbildners DTPA nach 48 Stunden nur noch 0,08 % Radiocer in der Leber und nur noch 0,32 % Radiocer im Skelett zu finden, während bei Verwendung des weniger wirksamen Komplexbildners DDÄTA (Diaminodiäthyläthertetraessigsäure) nach 48 Stunden noch 0,41 % Radiocer in der Leber und 6,2 % im Skelett verbleiben.

Erholung und Anpassung in strahlenbiologischer Sicht

Biologische Systeme besitzen eine erstaunliche Fähigkeit, sich von Schäden der verschiedensten Art zu erholen. Dies trifft auch, wie in vorhergehenden Kapiteln schon angedeutet, für Schäden durch ionisierende Strahlen zu. Auch hier gilt, was der Volksmund vom Leben sagt: „Die Wunden heilen, aber Narben bleiben."

Bestrahlt man eine Leuchtbakterienkultur mit Röntgenstrahlen und registriert mit Hilfe eines photoelektrischen Meßinstruments den Einfluß der Strahlung auf die Intensität des Leuchtens, so ergibt sich ein Kurvenverlauf, wie ihn Abb. 41 wiedergibt. Mit Beginn der Bestrahlung sinkt die Intensität des Leuchtens sofort ab; sie steigt wieder nach Abschalten der Strahlung und strebt dem Anfangswert der Intensität zu, ohne ihn allerdings je wieder zu erreichen. Das Leuchten wird stationär bei einer Leuchtintensität, die weit unter der Leuchtintensität der unbestrahlten Kultur liegt. Zwei Tatsachen, die für jedes bestrahlte System

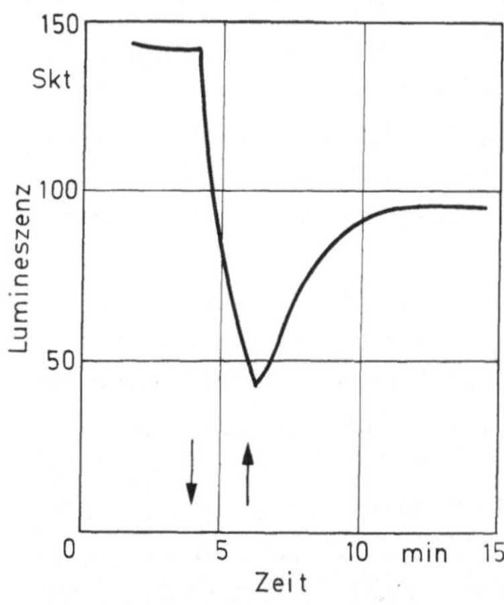

Abb. 41. Lichtintensität einer Bakterienkultur bei Elektronenbestrahlung. Zwischen den beiden Pfeilen wurde eine Dosis von 1,5 Mrad verabreicht

gelten, treten in diesem Experiment offensichtlich zutage: 1. das System besitzt die Fähigkeit, „Wunden zu heilen", es repariert den Schaden und „erholt" sich; 2. die Erholung ist aber nicht vollständig, Narben bleiben in Form eines bestimmten, nicht reparierbaren Schadens.

Erholung in bestrahlten Tieren kann auch leicht beobachtet werden, wenn man eine akute Einzeldosis, die zur Erzielung eines bestimmten Effektes notwendig ist, in zwei Teildosen aufspaltet und mit diesen — unter Zwischenschaltung einer Pause — die Tiere bestrahlt. Im Falle der Teilbestrahlung ist dann die Gesamtdosis zur Erzielung des Effektes größer als im Falle der akuten Einzelbestrahlung. So erfordern Mäuse, deren LD 50 bei akuter Bestrahlung 700 R beträgt, nach Bestrahlung mit einer ersten Dosis von 500 R eine zweite Dosis von 400 R, wenn die Zeit zwischen den Bestrahlungen drei Tage ist; und zwar deshalb, weil die Mäuse sich während der drei Tage zwischen der ersten und der zweiten Bestrahlung vom Schaden der ersten Bestrahlung teilweise erholt haben (reparierbarer Schaden).

Einer genialen Idee folgend, hat man diese Aufspaltungsmethode geschickt zu einer Technik ausgearbeitet, mit deren Hilfe es möglich ist, Einblicke in den zeitlichen und größenordnungsmäßigen Verlauf der Erholungsvorgänge zu erhalten. Es ist dies die „Aufsplitterungstechnik", die heute noch — allerdings in verbesserter und verfeinerter Form — zum Studium vieler Einzelheiten des Erholungsvorganges benutzt wird. Bei dieser Methode wird eine Gruppe von Tieren mit einer subletalen Dosis — erste Bestrahlung oder Vorbestrahlung in Abb. 42 — bestrahlt. Zu verschiedenen Zeiten nach dieser ersten Bestrahlung wird dann jeweils eine kleine Zahl der vorbestrahlten Tiere einer zweiten Bestrahlung ausgesetzt, deren Höhe so gewählt wird, daß ein bestimmter Effekt — z. B. Tod von 50% der bestrahlten Tiere innerhalb von 30 Tagen — eintritt (Abb. 42).

Wird die Zusatzbestrahlung sofort nach der Vorbestrahlung gegeben (D (o) in Abb. 42), so ist diese Dosis relativ klein; 5 Tage später muß sie schon höher sein (D (5) in Abb. 42), weil die Tiere sich in den 5 Tagen zwischen der Vorbestrahlung und der Zusatzbestrahlung vom Schaden der Vorbestrahlung teilweise erholt haben. Am 10. Tage nach der Vorbestrahlung haben sich die Tiere noch mehr erholt, so daß die D (10)-Dosis wieder etwas höher sein muß, und so fort, bis keine Erholung mehr eintritt, und der übrigbleibende Schaden — der „nichtreparierbare" oder „Restschaden" — konstant geworden ist, im Falle unseres Beispieles (Abb. 42) etwa 17% des Schadens, der durch die Vorbestrahlungsdosis gesetzt worden ist.

Aus dieser Kurve, die bei der hier beschriebenen Technik exponentiellen Charakter zeigt, lassen sich Einzelheiten über den zeitlichen Verlauf der Erholung, des Restschadens und die Halbwertszeit des Erholungsvorganges entnehmen. Diese Daten sind verschieden für verschiedene Tierarten und hängen von verschiedenen Faktoren, wie Tierstamm und Geschlecht, ab. So sind im Falle von Röntgenbestrahlungen für Ratten Halbwertszeiten von 4,9 und 8,5 Tagen gemessen worden, für verschiedene Mäusestämme Halbwertszeiten von 1,9 bis 12 Tage, für männliche Mäuse eines Mäusestammes 1,5 Tage, für weibliche Mäuse desselben Stammes 3,5 Tage. Hamster zeigen eine Halbwertszeit von 6,1 Tagen, Kaninchen von 9,5 und 27,5 Tagen, Affen von 4,8 Tagen, und Ziegen brauchen recht lang für eine 50%-Erholung, nämlich mehr als 60 Tage.

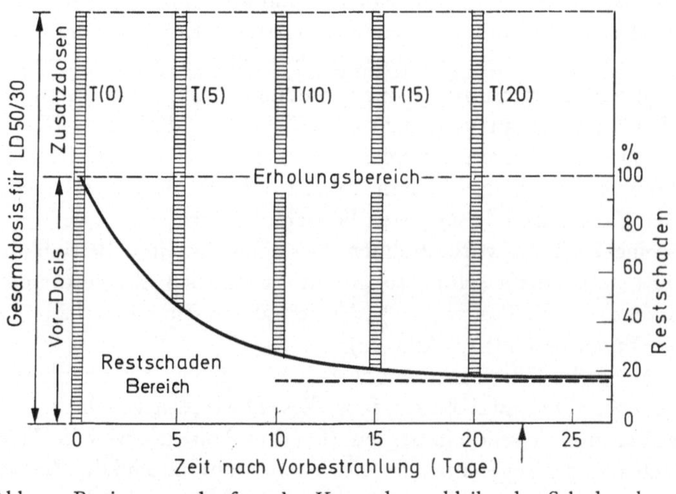

Abb. 42. Bestimmung der formalen Kurve des verbleibenden Schadens bzw. der Erholung nach der „Aufsplitterungstechnik". Alle Tiere werden mit einer subletalen Dosis vorbestrahlt. In bestimmten Zeitabständen werden jeweils einige der Tiere mit einer zweiten Dosis nachbestrahlt, die so gewählt ist, daß die LD 50/30 erreicht wird. Diese zweite Dosis steigt mit der Zeit zwischen der ersten und dieser zweiten Bestrahlung entsprechend dem Fortschritt in der Erholung des Tieres (Methode von HAGEN und SIMMONS)

Der erste Versuch einer mathematischen Formulierung des Erholungsvorganges, zusammen mit den Vorgängen bei der strahleninduzierten Lebensverkürzung (Altern) wurden von H. A. BLAIR unternommen. Unter den Annahmen: 1. der Gesamtschaden ist der Dosis proportional; 2. reparierbarer Schaden und nichtreparierbarer Schaden addieren sich; 3. die Erholungsrate ist unabhängig von der Dosis; 4. der Restschaden beträgt 5 bis 10% — stellte er eine Formel auf, die zur Grundlage einer erfolgreichen Bearbeitung der Probleme der Erholung und des Residualschadens geworden ist.

Die BLAIRSCHE Hypothese hat freilich, in dem Maße, wie mit verfeinerten Methoden neue Einblicke in die Vorgänge gefunden worden sind, Änderungen und Zusätze erfahren, aber sie ist immer noch führend in den Debatten.

So ergaben Versuche, in denen männliche C-57-Mäuse einer Vordosis von 400 R ausgesetzt wurden, eine Restschadenkurve,

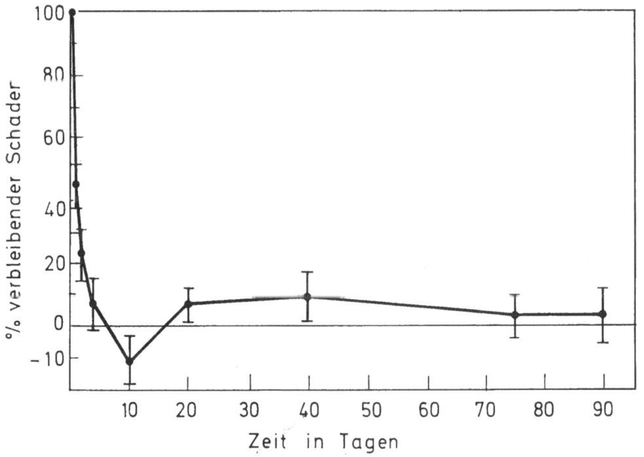

Abb. 43. Verlauf des verbleibenden Schadens mit der Zeit nach Bestrahlung von Mäusen mit 400 R Röntgenstrahlen

die keine einfache Exponentialkurve darstellt, sondern in drei wohldefinierte Abschnitte eingeteilt werden kann (Abb. 43).

In den ersten 10 Tagen verringert sich der verbleibende Schaden schnell, in etwa einer Exponentialfunktion folgend. Dann aber folgt ein starker Anstieg, der, nach dem 20. Tage langsam weiter ansteigend, vom 40. Tage ab in einen erneuten Abfall übergeht, also komplizierte Vorgänge in der Erholungsfähigkeit der Tiere andeutet.

Nicht zu sehen ist in dieser Kurve der Verlauf der Erholung in den ersten Stunden nach der Vorbestrahlung mit 400 R. Hier zeigt sich eine Erholungskurve ganz ähnlich dem Verlauf der Erholungskurve, wie sie bei tierischen Zellen und Tumorzellen in Kulturen nach Bestrahlung beobachtet worden ist. Einem schnellen Abfall des verbleibenden Schadens in den ersten vier

Stunden folgt zwischen der vierten und achten Stunde ein Wieder-
anstieg, der von der achten Stunde an wieder in einen Abfall
übergeht, so daß — wie manche Forscher spekulieren — zwischen
Erholungsvorgängen in Tieren und in Zellen gewisse Ähnlich-
keiten bestehen mögen.

Praktisch sind solche Untersuchungen — wenn auch zur Zeit
wenig über die biologisch-physiologische Seite der Erholung vom
Strahlenschaden bekannt ist — von Wichtigkeit, da sie Antwort
auf die Fragen geben, wie oft Bestrahlungen mit Teildosen vor-
genommen werden können, wie groß die optimalen Pausen zwischen den Bestrahlungen sein müssen und wie groß unter vorgegebenen Umständen (Unfälle) die verbleibenden Restschäden
sein mögen.

In bezug auf den Mechanismus der Erholungsvorgänge sind
nur Hypothesen möglich. Den vielen Systemen im Körper entsprechend, muß man mehrere Erholungskonstanten erwarten. Es
mag sein, daß jedes Organ und Organsystem seine eigenen Erholungskonstanten hat, die — mit physiologischen Zeitkonstanten
gekoppelt — den biologischen Zeitfaktor bestimmen. Die kine-
tische Betrachtungsweise der Erholungsvorgänge hält gerade
ihren Einzug in die Strahlenbiologie, und einige Zeit mag vergehen, bis mehr über das Warum und das Wie der natürlichen
Schutzmaßnahmen gegen Strahlenschäden im bestrahlten biologischen Objekt bekannt sein wird.

Der mehrphasige Verlauf der Erholungskurve, wie ihn Abb. 43
zeigt, läßt die Möglichkeit offen, daß biologische Systeme nach
entsprechender Vorbestrahlung strahlenresistent werden können.
Dies ist von Interesse für die Diskussion der Frage, ob und inwieweit Lebewesen sich energiereicher Strahlung anpassen können.

Anpassung ist, wie Erholung, eine der Fähigkeiten lebender
Systeme, Schäden zu entgehen. Für Tier und Mensch sind Anpassung an die verschiedensten Umweltfaktoren bekannt. Physiologische Anpassung an große Höhen, an extreme Kälte, an giftige
Drogen und Narkotika aller Art sind nichts Außergewöhnliches.
Toleranz für Atropin, Arsen und organische Arsenite kann durch
wiederholte Verabreichung in Tieren erhöht werden.

Auch die Fähigkeit von Menschen und Tieren, in Gegenden mit
hohem Strahlenpegel zu leben, ist erwiesen. Hoch in den Bergen

Südamerikas, in Bogota (2640 m hoch) und La Paz (3750 m hoch), leben seit Generationen die Menschen unter einem Höhenstrahlungshagel, der viele Male größer ist als die Intensität der Höhenstrahlung im Meeresniveau; an manchen Orten der Erde, z. B. in der Kerala-Region in Indien, sind Menschen seit Urzeiten radioaktiver Strahlung ausgesetzt, die an Stärke die normale Umgebungsstrahlung bei weitem übertrifft; ohne daß die bisherigen, ausgedehnten Untersuchungen irgendwelche Anhaltspunkte für Strahlenschäden aufgezeigt hätten. Haben sich diese Menschen in den Anden und in den stark radioaktiven Gebieten der Erde genetisch geändert? Haben sie im Laufe der Zeit einen hohen Widerstand gegen energiereiche Strahlen entwickelt? Haben sie sich angepaßt?

Dieselben Fragen wurden vor einigen Jahren gestellt, als Bakterien in den Bassins großer Reaktoren eine Änderung ihrer Strahlenempfindlichkeit mit der Zeit zeigten, und zwar eine um so größere Erhöhung ihrer Resistenz, je öfter sie während des Betriebes der Reaktoren bestrahlt worden waren. Erhöhung des Strahlenwiderstandes tritt oft auch nach mehreren Bestrahlungen bei malignen Tumoren auf — sehr zum Leidwesen der Strahlentherapeuten, weil damit eine erfolgreiche Therapie hinausgeschoben, wenn nicht ganz vereitelt wird. Dieselbe Beobachtung wird für tierische Tumoren berichtet, und Arbeiten über eine Erhöhung der Toleranz gegen Strahlung verschiedener Organe und Organsysteme, insbesondere der Eingeweide, nach mehrfacher Bestrahlung mit kleineren Dosen, sind zahlreich.

Auf diesen Beobachtungen fußend, hat man dann auch versucht, intakte Tiere durch geeignete Vorbestrahlung an Strahlung zu gewöhnen. So lebten Mäuse, die 55 Tage lang mit vielfachen Kleindosen bis zu einer Kumulationsdosis von 410 R vorbestrahlt und dann 16 Tage später mit 800 R bestrahlt wurden, 212 Stunden, während nichtvorbestrahlte, mit 800 R bestrahlte Tiere nur 100 Stunden lebten. In einem anderen Experiment wurden Mäuse drei Wochen lang wöchentlich mit 144 R bestrahlt und in der vierten Woche mit einer Massivdosis von 703 R. Die so vorbehandelten Tiere zeigten eine Sterblichkeit von 26%, im Gegensatz zu nichtvorbestrahlten Tieren, deren Sterblichkeit nach Bestrahlung mit 703 R 41% betrug.

In bezug auf den Einfluß von Vorbestrahlungen auf die LD 50/30 — und damit auf die Fähigkeit, sich nach Vorbestrahlung an höhere Dosen anzupassen — wiegt ein Experiment, das im Zusammenhang mit einer kritischen Auswertung aller vorliegenden Daten ausgeführt wurde, schwer.

In diesem Experiment wurden die LD 50-Werte für drei Gruppen von Mäusen bestimmt, und zwar für eine Gruppe ohne Vorbestrahlung, für eine Gruppe nach Vorbestrahlung mit 50 R

Tabelle 20. *LD 50/30-Werte für weiße Mäuse (Walter-Reed-Stamm) ohne und nach Vorbestrahlung mit 50 R*

Zeitspanne zwischen Vor- und Hauptbestrahlung in Tagen	Zahl der Mäuse	LD 50/30 in R
0	99	$487 \pm 25{,}7$
10	97	$560 \pm 31{,}0$
17	99	$617 \pm 32{,}0$

10 Tage vor Bestimmung der LD 50, und für eine Gruppe nach Vorbestrahlung mit 50 R 17 Tage vor Bestimmung der LD 50.

Das Ergebnis dieses Versuches ist in Tabelle 20 zusammengestellt.

Unter den Möglichkeiten, die für die beobachtete Erhöhung der LD 50, also eine Erhöhung der Strahlenwiderstandsfähigkeit nach Vorbestrahlung mit kleinen Dosen, verantwortlich gemacht werden könnten, erwähnt die Untersuchung: zeitweilige Stimulation des hämatopoetischen Systems — was in der Tat in Untersuchungen mit höheren Vorbestrahlungsdosen durch Hypertrophie der Milz bestätigt werden konnte —, kurzzeitigen Schutz gegen strahlenerzeugte toxische Substanzen im bestrahlten Körper, Auswahl der widerstandsfähigen Tiere, Antigen-Antikörper, Immunreaktionen. Die Untersuchung legt sich auf keine dieser Möglichkeiten fest. Sie betont aber die großen Aussichten, die sich für die Erforschung angeborener Abwehrmechanismen gegen Strahlung ergeben, wenn Strahlenwiderstandsfähigkeit wirklich durch Vorbestrahlung mit kleinen Dosen erworben werden kann.

8. „Fühlen" von und „Reaktion" auf Strahlung

Sofortreaktionen

Die Natur hat ihren Lebewesen im Kampf gegen Strahlung außer Erholungsfähigkeit und Anpassungsfähigkeit eine zusätzliche Fähigkeit verliehen, die erst in den letzten Jahren in ihrer Bedeutung und Tragweite erkannt worden ist. Dies ist die Fähigkeit, ionisierende Strahlen zu „fühlen".

Daphnien schwimmen, wenn von Röntgenstrahlen getroffen, nach unten aus dem Strahlenkegel heraus; Insekten, Mäuse und Ratten flüchten, wenn in einem Behälter bestrahlt, dessen eine Hälfte mit Blei abgeschirmt ist, in den geschützten Teil des Behälters; Wespen unterscheiden beim Bau ihrer Nester zwischen radioaktivem und nichtradioaktivem Schlamm; Ameisen verlassen, wenn ein gammastrahlendes Präparat in den Ameisenhügel vergraben wird, ihre Tunnels und verlegen ihre Gänge weit weg von der Strahlenquelle in andere Teile des Hügels; schlafende Ratten werden von Röntgenstrahlen aufgeweckt; sonst gern genommene Sacharinlösungen und Schokoladenmilch werden von Ratten und anderen Tieren gemieden, wenn zugleich mit Darreichung der Getränke eine Bestrahlung gegeben wird. Schnecken ziehen reflexartig bei Bestrahlung mit Röntgen- oder Alphastrahlen ihre Fühler ein; Schildkröten rennen — nach einigen sichernden und orientierenden Bewegungen mit dem Kopfe — mit größter Schnelligkeit aus dem Strahlenfeld heraus. Die empfindliche Pflanze *Mimosa pudica* schließt bei genügend hoher Intensität der Röntgenstrahlen schlagartig ihre Blätter, und die Blattstiele knikken im primären Gelenk am Stamm nach unten; die Fallen der Venusfliegenfalle und die Narben der Griffel der Gauklerblume schließen sich unter Bestrahlung. Auch der Mensch macht keine Ausnahme.

Die Fähigkeit, Röntgenstrahlen und Radiumstrahlen zu „sehen", war schon zur Zeit Röntgens als „Röntgen-Phän" bzw. als „Radium-Phän" bekannt. Je nach der Energie der Strahlung wird das Phän vom Auge als opaleszent-grüner, diffus-blau-grüner, gelblich-grüner oder weißer Lichteindruck empfunden. Der Effekt war so markant, daß er auf breitester Basis zu medizinischen und technischen Beobachtungen und Messungen angewandt wurde.

Im Laufe der Jahre jedoch geriet dieses Wissen in Vergessenheit, und erst mit dem Advent des Atomzeitalters wurde erneut die Frage gestellt: Können Röntgenstrahlen gesehen, allgemeiner formuliert, können ionisierende Strahlen empfunden werden; kann man sie „fühlen" oder sonst irgendwie „bemerken"?

Die moderne Forschung — mit den Jahren 1953/54 beginnend — hat zahlreiches, diese Fragen bejahendes Material gesammelt, das kürzlich in einer sehr beachtlichen, lesenswerten Monographie mit dem Titel „Ionizing Radiation: Neural Function and Behavior" seinen Niederschlag gefunden hat.

Unter den vielen diesbezüglichen Experimenten stehen die Untersuchungen über das Vermögen des Auges, ionisierende Strahlen zu „empfinden", an erster Stelle.

Diese Untersuchungen, 1952 begonnen und in den folgenden Jahren mit verfeinerten elektronischen Apparaturen auf zahlreiche Tierarten ausgedehnt, zeigen in der Tat, daß Lichtstrahlen und Röntgenstrahlen im Auge Elektroretinogramme erzeugen, die in Form und Aussehen weitgehend gleich sind. Man hat daraus interessante Schlüsse in bezug auf die Mechanismen ziehen können, die zu dem durch Röntgenstrahlen ausgelösten Lichteindruck führen. Wie im Falle der Lichtstrahlen, so nimmt man an, sind auch im Falle der Röntgenstrahlen die Stäbchen am Zustandekommen des Effektes beteiligt. Die Röntgenstrahlen werden vom Pigment der Stäbchen (Rhodopsin) absorbiert, lösen durch Zwischenreaktionen (Bildung freier Radikale) chemische Reaktionen aus, die zu Anregungen und damit zum Retinogramm führen. Im Falle der Röntgenstrahlen konnte noch eine Reaktion des Froschauges bei einer Blitzdauer von 2,2 Millisekunden mit 7 Milliröntgen registriert werden.

Ähnliche Werte werden für die Empfindlichkeit des menschlichen Auges ionisierenden Strahlen gegenüber berichtet. Nach Untersuchungen aus dem Jahre 1964 über das „Sehen" von Betatronstrahlen können schnelle Elektronen und ultraharte Röntgenstrahlen vom geschlossenen, dunkel adaptierten menschlichen Auge noch empfunden werden, wenn sie mit einer Dosisleistung von $(3-5) \times 10^{-5}$ R pro Sekunde für eine halbe Sekunde einwirken.

Verglichen mit der Empfindlichkeit von Schnecken für ionisierende Strahlen — die als erste vor einigen Jahren deswegen

Aufsehen erregten — und der Empfindlichkeit von Motten —
die im Rennen um die „höchste" Empfindlichkeit lange führend
waren —, steht die Empfindlichkeit des Auges anscheinend oben-
an. Schnecken reagieren auf 1,5—2 R/sec innerhalb von 5—15 Sekunden, und Motten schlagen mit den Flügeln bei Bestrahlung mit
0,01—0,12 R/sec innerhalb von Bruchteilen einer Sekunde (Abb. 44).

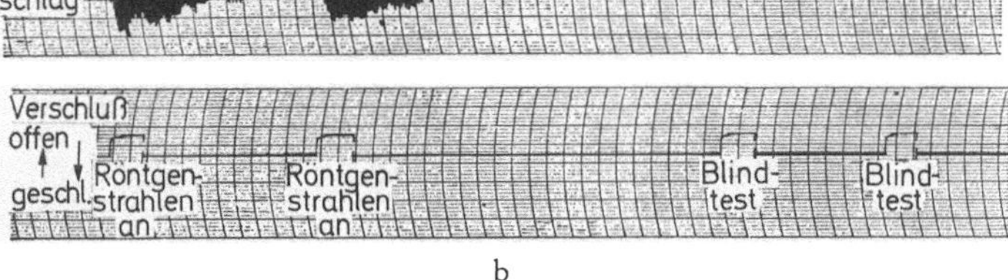

a

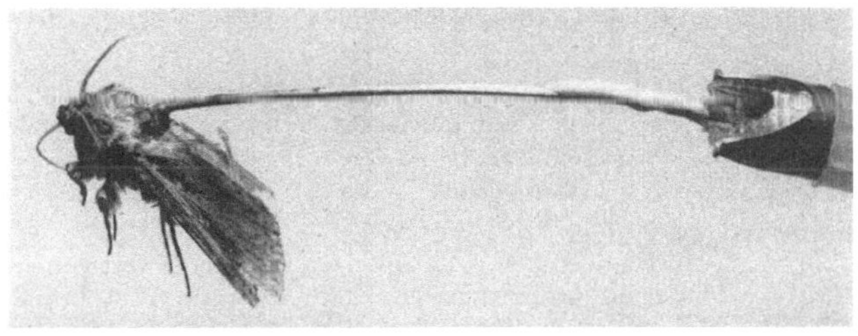

b

Abb. 44. Motte an elastischem Draht in Verbindung mit einem Transducer,
dessen Signale über einen Verstärker zum Oszilloskop gehen. Oben: Auslösung
und Verlauf des Flügelschlages der Motte bei Röntgenbestrahlung (0,17 R/sec).
Unten: Öffnungszeiten des Verschlusses im Experiment und im Blindversuch

Empfindlichkeiten für einige andere Tierarten sind auszugs-
weise in Tabelle 21 wiedergegeben.

Pflanzen erfordern im allgemeinen zur Erzeugung der Reaktionen Bestrahlungen mit hoher Dosisleistung. Zusammenfallen
der Fiederblättchen von bestrahlten *Mimosa*blättern tritt nach Bestrahlung mit 4500 R/min innerhalb von 20 Sekunden ein; Abknicken des Blattstiels im Gelenk am Stamm erfolgt etwa 15 Sekunden nach Beginn einer Bestrahlung mit 170000—80000 R pro

Tabelle 21

Tierart	Reaktion	Strahlenbedingungen
Wasserflöhe	Schwimmen sofort bei Beginn der Bestrahlung nach unten aus dem Strahlenkegel heraus (positive Geotaxis)	R.Str. 115 KeV Schwellenwert: 2,7—3 R/sec
Motten (noctuidae)	Sofort (weniger als 1 Sek.) Auslösung oder Verstärkung des Flügelschlagens	R.Str. 250 KeV Dosisleistung 0,1 R/sec
Ameisen versch. Arten	Aufregung, Waschen der Antennen, Alarm und Verteidigungshaltung, Flucht aus der Strahlenzone	R.Str. 50—1500 R/sec Reaktion schon auf 280 R (Camponatus)
Landschnecken versch. Arten	Sofortiges Zurückziehen der Fühler, Reaktionszeit umgekehrt proportional zur Dosisleistung	R.Str. (50 KeV) Schwellenwert von 1,5—5 R/sec je nach Art. Reaktionszeit 5—15 Sekunden
Tropische Fische (Lebistes reticulatus)	Schwimmen weg von der Strahlenquelle, Geschwindigkeit ist Funktion der Dosisleistung	R.Str. 0,3—5,3 R/sec
Gold Minnows (Notemigonus)	Vermehrte Schwimmaktivität, Reaktionszeit 20—30 Sekunden	R.Str. 3 MeV, 1,2 KR/min
Schildkröte (Pseudemys)	Bewegung des Kopfes, Waschen des Gesichtes, Flucht aus dem Strahlenfeld, Reaktionszeit 10 Sekunden und mehr	R.Str. 50 KeV 2,9 KR/sec

Minute. Gleichzeitig mit diesen strahleninduzierten mechanischen Vorgängen spielen sich in der Pflanze elektrische Vorgänge ab, wie in Abb. 45 demonstriert. Mit Beginn der Bestrahlung setzt eine Negativierung der bestrahlten Region ein, und kurz vor Abknicken des Blattstieles tritt ein starkes Aktionspotential auf, wie es bei Elektroretinogrammen durch elektrische Ableitung von einzelnen optischen Fasern und in der Elektrophysiologie durch Ableitung von einzelnen Nervenfasern bekannt ist.

Zur Erklärung nimmt man an, daß — ähnlich wie im Falle der Muskeln niederer Tiere und Nervenpräparaten — durch die Bestrahlung kurzzeitige Änderungen in Membraneigenschaften eintreten, die zu Störungen des Wasser- und Elektrolythaushaltes in der Zelle führen, wodurch die beobachteten Reaktionen verursacht werden. Andererseits wird auch die These vertreten, nach der im bestrahlten Pflanzenteil Substanzen erzeugt oder freigesetzt werden, die im Sinne der Erregungssubstanz der Mimosaceen vom Entstehungsort fort in andere Pflanzenteile abwandern und dort wirksam werden. Einige Versuche deuten darauf hin, daß diese Substanz eine Oxysäure sein möge.

Für alle anderen Systeme werden Prozesse in den verschiedenen Sinnesorganen — Sehen, Hören, Riechen, Schmecken, Tasten — im

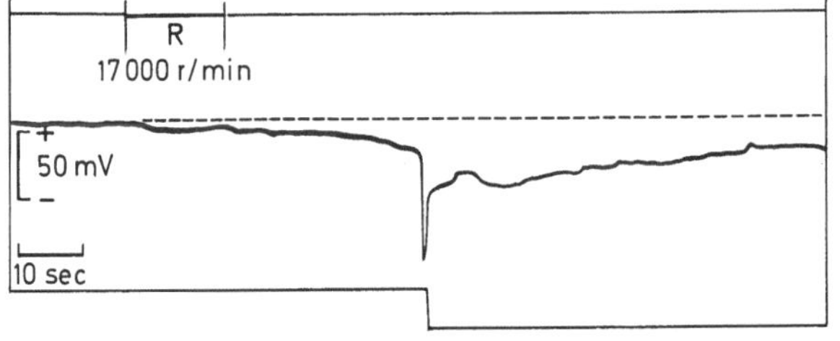

Abb. 45. Elektrisches und mechanisches Verhalten von *Mimosa pudica L.* während und nach Röntgenbestrahlung (R) eines Teiles des primären Blattstieles (17000 R/min, 15 sec). Ableitung mit KCL-Wollelektroden von der Bestrahlungszone gegen den Stamm. Negativierung der bestrahlten Region und Auftreten eines Aktionspotentials kurz vor Abknicken des Zweiges im Hauptgelenk. Obere Linie: elektrisches Potential; untere Linie: Zweigbewegung

Zusammenhang mit Vorgängen im Nervensystem für die Fähigkeit, auf ionisierende Strahlen in der beschriebenen Art zu reagieren, verantwortlich gemacht. Die ursprüngliche Idee der hohen Strahlenwiderstandsfähigkeit des Nervensystems hat im Laufe der letzten Jahre wesentliche Modifikationen erfahren, vorwiegend deshalb, weil die experimentelle Forschung die Wirksamkeit von Dosen unterhalb eines Röntgen auf verschiedene Nervenrezeptoren nachgewiesen hat. Die vorher schon erwähnte, 331 Seiten umfassende Monographie deutet das im Titel schon an und belegt diese Behauptung mit vielen Beispielen, die zugleich den großen Fortschritt auf diesem Gebiete darlegen.

Veränderungen im Verhalten und Gebaren

Trotzdem aber scheint es noch ein langer Weg zu sein, bevor die so mannigfachen Reaktionen aus einheitlicher Sicht gedeutet werden können. Dies gilt insbesondere dann, wenn man die Reaktionen und Veränderungen in die Betrachtung miteinbezieht, die verschiedene Systeme nach Bestrahlung in Benehmen und Verhalten zeigen. So reagieren Tiere in ihrer „Fähigkeit“ und ihrer „Willigkeit“, bestimmte Funktionen und Aufgaben auszuführen, ganz gewaltig auf ionisierende Strahlen. Trägt man das Ausmaß dieser Veränderungen in Abhängigkeit von der Zeit nach der

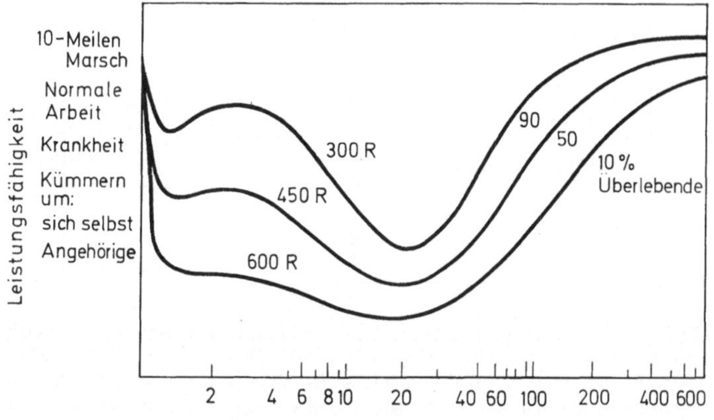

Abb. 46. Leistungsfähigkeit junger Erwachsener zu verschiedenen Zeiten nach akuter Bestrahlung

Bestrahlung auf, so ergeben sich sehr bewegte Kurvenverläufe, in denen Zeiten hoher Fähigkeit zur Ausführung bestimmter Aufgaben mit Zeiten geringer Leistungsfähigkeit abwechseln. Extrapolationen dieser Tierversuche für den Menschen, ergänzt durch Beobachtungen in Unglücksfällen und Daten von den japanischen Atombombenopfern, führen zu Kurven der Form, wie sie in Abb. 46 wiedergegeben sind.

Das Auf und Ab in der Leistungsfähigkeit

Leistungsfähigkeitskurven, die auf direkten experimentellen Messungen beruhen, liegen für Ratten, Mäuse, Meerschweinchen, Hamster und Affen vor, die entweder im Laufrad tätig sein konnten oder deren allgemeine Aktivität mit Hilfe von federnd aufgehängten Käfigen registriert wurde. Je nach der Dosis lassen sich die erhaltenen Kurven in drei Typen einteilen: sie sind einphasig und führen bald zu voller Leistungsfähigkeit zurück, wenn die Tiere mit subletalen Dosen bestrahlt werden; sie sind zweiphasig, wenn die Tiere mit letalen Dosen bestrahlt werden, und sie sinken schnell in Form einer Exponentialkurve ab, wenn den Tieren supraletale Dosen verabfolgt werden.

Selbst Ameisen ordnen sich in dieses Schema ein, wie ausgedehnte Versuche mit der Ameise *Pogonomyrmex californicus* (BUCKLY)

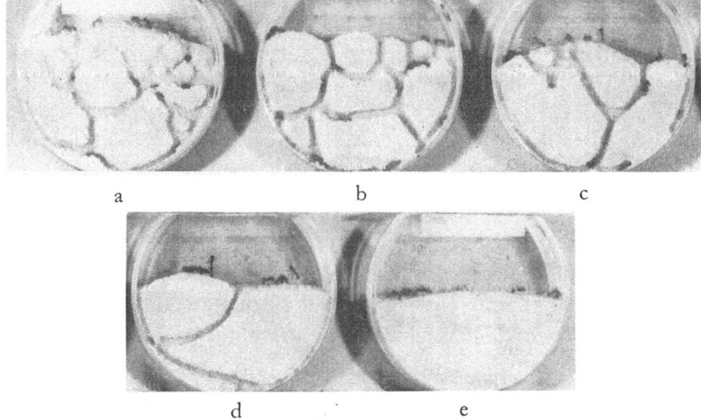

Abb. 47. Stand des Tunnelbaues nichtbestrahlter und bestrahlter Ameisen am 6. Tag nach Beginn des Versuchs. a) Kontrolle, b) 39 000 R, c) 78 000 R, d) 117 000 R, e) 156 000 R

zeigen. Bestrahlt man diese Tiere über einen weiten Dosenbereich mit verschiedenen Dosen und gibt ihnen nach der Bestrahlung die Möglichkeit, Tunnels zu bauen, so zeigt sich mit steigender Dosis eine immer größer werdende Verzögerung im Einsetzen des Tunnelbauens, und wenn die Tiere dann anfangen zu bauen, sinkt die Fähigkeit, voluminöse und komplizierte Tunnels zu machen, in dem Maße ab, wie die Dosis an Größe zunimmt (Abb. 47).

Eine quantitative Auswertung dieser Ameisenexperimente durch Messung der Sandmengen, die zu verschiedenen Zeiten aus den Tunnels herausgeschafft werden, führt zu Kurven, die dem Charakter nach mit den Kurven für den Menschen und andere Arten übereinstimmen. Auch da ergeben sich, wenn die Ameisen subletal bestrahlt werden, einphasige, schnell zur Erholung führende Kurven; wenn sie mit tödlichen Dosen (letal) bestrahlt werden, zweiphasige Kurven, und wenn sie supraletale Dosen erhalten — wie im Falle der 156000-R-Gruppe — dann sinkt die Leistungskurve steil nach der Bestrahlung ab.

Genau derselbe Kurvenverlauf ergibt sich für zwei andere Verhaltensformen: für das Eingraben von Toten und von Abfällen sowie für das Bedecken klebrigen Materials mit Sand und Steinchen.

Nicht beeinflußt wird durch Bestrahlung die Bereitschaft zur Verteidigung und zum Alarmgeben bei Ameisen, was insofern von Bedeutung für die Verhaltensphysiologie ist, als Affen — mit der Möglichkeit, sich frei bewegen zu können — nach Bestrahlung mit akuten Dosen oder intensiven Strahlenpulsen dasselbe Verhalten in ihrer Bereitschaft für Angriff und Abwehr an den Tag legen wie Ameisen. Auch in bezug auf andere Verhaltensformen, die nach Bestrahlung eine Verzögerung im Einsetzen und ein Absinken der Fähigkeit zeigen, stimmen Ameisen, Affen und Nager weitgehend überein — verschieden nur in bezug auf das Dosisniveau, das für die betreffende Tierart subletal, letal oder supraletal ist.

Wenig ist bekannt, inwieweit eine Beziehung oder Verwandtschaft zwischen den Mechanismen besteht, die bei Erzeugung dieser Veränderungen im Verhalten und der Arbeitskapazität wirksam sind. Für Ameisen wird ein Wirkungsschema vorgeschlagen, wie es Abb. 48 wiedergibt.

Nach diesem Schema sind Pheromone — chemische Substanzen, mit deren Hilfe Ameisen und andere Insekten sich verständigen* — der primäre Stimulus, der über das Zentralnervensystem entweder direkt eine schnelle Verhaltensänderung auslöst („releaser"-Effekt), oder — indirekt und langsamer — durch Änderung physiologischer Vorgänge das Tier „vorbereitet", auf Grund eines äußeren Stimulus — z. B. Strahlung — sein Verhalten zu ändern („primer"-Effekt). Im Falle von Säugern werden endokrine Unterstützungs-Stoffwechselvorgänge der Weg sein, im Falle anderer Objekte entsprechend funktionierende Systeme.

Für Ameisen sind verschiedene Pheromone ihrer chemischen Natur und ihren Wirkungen nach gut bekannt. Zu ihnen gehören Pheromone für Alarm und Verteidigung, für Tunnelbau, für Sorge

---

* Pheromone — vom griechischem „pherein" = übertragen und „horman" = erregen, anregen abgeleitet — sind chemische Stoffe, die von einem Mitglied der Gruppe durch besondere Drüsen nach „außen" sezerniert werden und von anderen Mitgliedern der Gruppe „empfunden" oder „bemerkt" werden können.

um die Toten und für Bedecken klebrigen Materials mit Sand und Steinchen. Mit ihrer Hilfe verständigen sich Ameisen, wie WILSON in eingehenden Versuchen gezeigt hat, und es ist hier, wo Strahlung von Einfluß sein kann.

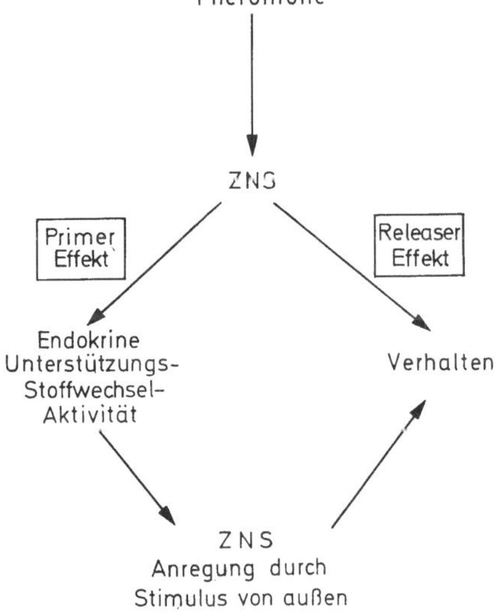

Abb. 48. Wirkungsschema von Pheromonen auf Verhalten und Benehmen über das Zentralnervensystem auf direktem Weg: durch den „releaser"-Effekt, auf indirektem Weg: durch den „primer"-Effekt

Mit diesen Befunden ergeben sich für die Forschung neue Wege und Möglichkeiten, durch Anwendung ionisierender Strahlen tiefe Einblicke in die Wirkungsmechanismen verhaltensphysiologischer Vorgänge zu gewinnen, sei es über Aggression (K. LORENZ), über elektrische Anregung bestimmter Zentren im Gehirn durch eingepflanzte Elektroden (J. M. DELGADO) oder über die modernen neurotropischen und psychotropischen Drogen.

9. Nützliche Effekte ionisierender Strahlen

Allgemein: in Industrie, Medizin und Schädlingsbekämpfung

Im englischen Sprachgebrauch redet man von „beneficial"- Effekten ionisierender Strahlen, worunter im allgemeinen — rein wirtschaftlich gesehen — „nützliche" Effekte verstanden werden.

Solche nützlichen Effekte ionisierender Strahlen treten uns auf vielen Gebieten entgegen: in der Chemie der Hochpolymeren, bei der Vulkanisation von Gummi, in der Landwirtschaft bei der Erzeugung landwirtschaftlich wertvoller Mutationen, bei der Konservierung und Haltbarmachung von Lebensmitteln und medizinischen Utensilien sowie in der Schädlingsbekämpfung bei der Ausrottung von Insekten.

Bei vielen dieser Anwendungen wird die schädigende Wirkung ionisierender Strahlen ausgenützt, um wirtschaftlich „nützliche“ Effekte zu erzielen. Ganz klar ist dies im Falle der Ausrottung der screw-worm-Fliege und anderer Insektenarten durch Bestrahlung von Puppen, aus denen dann sterile männliche Tiere schlüpfen. Diese Fliegen — in die verseuchten Gebiete transportiert — werden dort freigelassen, so daß — da sie keine lebensfähigen Nachkommen erzeugen können — nach mehreren Behandlungen dieser Art — die Insektenart in jenem Gebiet ausstirbt.

Auch bei der Konservierung und Haltbarmachung von Lebensmitteln und chirurgischen Materialien wird die Fähigkeit ionisierender Strahlen, Bakterien zu töten, ausgenutzt.

In der Industrie wird in chemischen Betrieben Strahlung benutzt, um „cross-linking“ (Kettenbildung) in Makromolekülen zu erzeugen, wodurch neue Stoffe mit verbesserten Eigenschaften — höhere Festigkeit, bessere Löslichkeit — entstehen.

Nur im Falle der Erzeugung wirtschaftlich wertvoller Mutationen kann man annehmen, daß Prozesse, die in der Natur vor sich gehen und an der Erzeugung der spontanen Mutationen zu einem bestimmten Prozentsatz beteiligt sind, auch hier bei der Massenerzeugung von Mutationen am Werke sind. Aber selbst dann, wenn unter 1000 strahleninduzierten Mutationen nur eine gefunden wird, die ein spezielles Bedürfnis des Menschen erfüllt, brauchen die restlichen 999 nicht schlecht zu sein. Im Gegenteil, unter ihnen mögen sich Mutationen befinden, die — nicht im Augenblick, aber vielleicht später einmal — unter anderen Erfordernissen des Lebens „wertvoll“ sein mögen. Die Bewertung strahleninduzierter Mutationen — das sei hier betont — erfolgt nicht nach ihrem biologischen Wert, sondern nach ihrem ökonomischen Wert: ob ertragreicher, frostbeständiger oder was sonst für Eigenschaften gewünscht sein mögen.

Landwirtschaftlich wertvolle Mutationen

Bei den landwirtschaftlich wertvollen Mutationen handelt es sich um eine Auswahl derjenigen, die den zeit- und ortsgegebenen Erfordernissen am besten gerecht werden. Nach solchen Mutationen haben die Menschen zu allen Zeiten gesucht. Nur war bis vor 1927 — als die mutationsauslösende Wirkung ionisierender Strahlen noch nicht bekannt war — die Auslese neuer, erwünschter Mutationen aus den durch die Natur spontan erzeugten Mutationen eine zeitraubende und mühselige Arbeit. Wir möchten hier als Beispiel die Züchtung der „süßen Lupinen" erwähnen, die nur so möglich war, daß nach Anlage riesiger Felder dieser bitter schmeckenden, als Viehfutter unbrauchbaren Pflanzen die an Bitterstoff armen Exemplare unter Hunderttausenden von Pflanzen mit chemischen Methoden herausgefunden und dann zur Vermehrung gebracht wurden. Der Erfolg wurde bemerkbar, als auf den Feldern, wo die Sorten weitergezüchtet wurden, die Flächen mit „Süßlupinen" von Kaninchen und anderem Wild bevorzugt aufgesucht und befressen wurden. Aber solche Auslese von Menschenhand ist und bleibt eine schwierige Aufgabe. Die Möglichkeit, durch Bestrahlung von Samen viele Mutationen zu gleicher Zeit zu erzeugen, hat den Ausleseprozeß wesentlich beschleunigt und die Aufgabe leichter gemacht. Dies gilt auch für die Weiterzüchtung der ausgesuchten Mutationen und ihre Auswertung auf wirtschaftlich wertvolle Eigenschaften hin.

Was sucht man da, und was macht eine Mutation für den Menschen wertvoll? Es gibt verschiedene Eigenschaften, die den Pflanzenzüchtern als Ideal vorschweben: Widerstandsfähigkeit gegen Krankheiten, gegen Frost und andere Unbill der Witterung, Ertragsreichtum in bezug auf Ähre und Halm, Früh- und Spätreife, Form und Farbe bei Blumen — und jeder Fortschritt in dieser Richtung wird mit Enthusiasmus begrüßt. So hat man im großen Pflanzenzüchtungsinstitut in Cassacia in Italien vor einigen Jahren mit Stolz — als ein „Geschenk des Atomzeitalters an die hungernde Menschheit" — die Entdeckung einer neuen Weizenart verkündet, die 40 cm kürzer steht als normaler Weizen und in beträchtlich kühleren Klimaten und unter wenig günstigen Wetterbedingungen wachsen kann.

Abb. 49. Durch Röntgenstrahlen erzeugte Gerstenmutationen. Rechts: Kontrollpflanze; links: mutierte Pflanze mit kürzeren und steiferen Halmen sowie dichteren Ähren

Gerstenarten mit verschieden geformten Ähren und mehr Stroh sind in mehreren Laboratorien entwickelt worden (Abb. 49, 50). Die auf diesem Gebiet der Mutationsforschung erzielten Erfolge sind so mannigfaltig und vielseitig, daß Riesenlisten aufgestellt werden könnten. Erwähnt sei nur noch das große Interesse, das seit einiger Zeit der Erzeugung von landwirtschaftlich wertvollen Mutationen durch Neutronenstrahlen entgegengebracht wird. Mit Hilfe von Neutronenstrahlen lassen sich, wie auf dem Symposium über biologische Effekte von Neutronen und Protonenstrahlen in Brookhaven 1964 berichtet wurde, nicht nur krankheitswiderstandsfähige Arten erzeugen, sondern auch neue

Abb. 50. Strahlenerzeugte Ährenmutanten in Gerste

Arten, die bei Röntgen- und Gammabestrahlungen nicht auftreten, z. B. eine rostwiderstandsfähige Hafermutation, die durch Bestrahlung der Eltern mit thermischen Neutronen (Energie < 1 eV) erzeugt worden ist.

Haltbarmachen von Lebensmitteln

In die Kategorie der nützlichen Effekte ionisierender Strahlen kann man auch die Resultate einbeziehen, die durch Hemmung bestimmter physiologischer Prozesse beim Keimen von Kartoffeln und Zwiebeln das „Ausschlagen" verhindern. So werden in Kanada mit großem Erfolg seit 1965 viele Millionen Zentner Kartoffeln zur Zeit der Ernte durch Bestrahlung mit Gammastrahlen von Kobalt-60-Präparaten, die bis zu 600000 Curie und mehr Aktivität besitzen, am Keimen gehindert (Abb. 51). Mit demselben Erfolg wird durch Bestrahlung auch das Keimen von Zwiebeln unterdrückt; solche bestrahlte Zwiebeln sind seit kurzem als Nahrungsmittel freigegeben.

Abb. 51. Einfluß verschiedener Strahlendosen auf die Keimfähigkeit von Kartoffeln. Obere Reihe: Kontrolle, 1650 R, 3300 R; untere Reihe: 4950 R, 6600 R, 8250 R

Freigegeben ist seit einiger Zeit auch für den menschlichen Gebrauch durch Strahlung haltbar gemachter Speck, und nach dem Urteil der Fachleute werden bald andere Lebensmittel, wie durch Strahlung konservierte Fische und dergleichen, auf dem Markt erscheinen.

Wachstumsförderung bei Pflanze und Tier

Eine ganz entgegengesetzte Fähigkeit ionisierender Strahlen — nämlich die Fähigkeit, Wachstum und Entwicklung anzuregen anstatt zu hemmen — steht seit etwa 65 Jahren im Mittelpunkt allgemeinen Interesses. Das Problem fand gewaltigen Auftrieb im Jahre 1932, als das Standardwerk von STOKLASA und PĔNKAVA über die Biologie des Radiums und der radioaktiven Elemente erschien. In diesem Werk berichten die Forscher eingehend über die wachstumsfördernden Wirkungen der radioaktiven Böden auf das Wachstum der Vegetation im Urangebiet von St. Joachimsthal und Umgebung. Zahlreiche Arbeiten erschienen in den folgenden Jahren und Jahrzehnten, in denen immer wieder positive, die Befunde von Stoklasa und Pěnkava bestätigende Resultate

Abb. 52. Gammafeld, 100 Meter Durchmesser, Turm mit radioaktiver Strahlenquelle im Zentrum, Laboratorium und Kontrollstation hinter Kiefernwald im oberen Teil des Bildes

behauptet wurden, ohne daß eine endgültige Beantwortung der Frage möglich gewesen wäre.

Erst in den letzten Jahren sind unter Verwendung von radioaktiven Isotopen und Anwendung von technischen Anlagen zur Erzeugung kontrollierter Temperatur-, Feuchtigkeits- und Belichtungsbedingungen systematische Studien gemacht worden, die weitgehend die Möglichkeit einer Stimulation des Wachstums und der Entwicklung von Pflanzen und Tieren durch ionisierende Strahlen bejahen.

In solchen Versuchen werden Pflanzen in großen Treibhäusern und weit ausgedehnten „Gammafeldern" (Abb. 52) kreisförmig um ein radioaktives Präparat herum in verschiedenen Abständen angeordnet, so daß viele Pflanzen der gleichen Art, zu gleicher Zeit, unter gleichen Bedingungen mit verschiedenen Strahlendosen —

Abb. 53. Wachstumsstadien von Lilium longiflora nach 35tägiger Bestrahlung im Gammatreibhaus in verschiedenen Abständen von der Strahlenquelle. Deutliche Wachstumsförderung der mit 10 R/Tag und 5 R/Tag bestrahlten Pflanzen

entsprechend ihrem Abstand vom Zentrum des Gammafeldes — bestrahlt werden können.

Abb. 53 zeigt das Wachstum von *Lilium longiforum* unter diesen Bedingungen in verschiedenen Abständen von der Strahlenquelle. Pflanzen nahe der Strahlenquelle zeigen eine deutliche Hemmung des Wachstums den Kontrollen gegenüber; Pflanzen mit 20 R pro Tag bestrahlt, kommen nahe an die Höhe der Kontrollen heran. Pflanzen aber, die mit 10 R pro Tag und 5 R pro Tag bestrahlt sind, zeigen eine beachtliche Stimulation des Wachstums und „schießen" weit über die Höhe der Kontrollen hinaus.

Diese Erscheinung ist jedoch kein Einzelfall, da viele andere Pflanzenarten, unter gleichen Bedingungen gewachsen, eine Anregung ihres Wachstums in bestimmten Dosenbereichen erkennen lassen. Tabelle 22 bringt einige wenige Beispiele unter Tausenden, um dies zu illustrieren.

Das Auftreten des Effektes jedoch ist an bestimmte Voraussetzungen geknüpft. Neben Temperatur, Feuchtigkeit, Luftbeschaffenheit und Belichtung spielt, wie diesbezügliche Versuche im Reaktorzentrum Jülich zeigen, auch die Beschaffenheit der Nährböden eine Rolle (Abb. 54).

Tabelle 22. *Strahlenerzeugte Stimulation von Pflanzen*

Pflanze	Stadium zur Zeit der Bestrahlung	Strahlung und Weise	Dosis	Zeitspanne	Stimulation
Wachstum					
Antirrhinum majus	Pflanze	γ-chron.	250 R/Tag	3 Monate	Höhe, Stammdurchmesser
Lilium longiflorum	Zwiebel	γ-chron.	10 R/Tag	35 Tage	Höhe, Wurzel
Tradscantia paludosa	Ableger	Röntgenstrahlen	50 R		Wurzellänge
Vicia faba	Samen	γ-chron.	20 R/Tag	20 Tage	Sprößlinge, Wurzel
Blühen					
Brassica pekinensis	Samen	Röntgenstrahlen	20—60 kR	20 Tage	früh
Tradescantia paludosa	Pflanzen	γ-chron.	10 R/Tag	4 Monate	früh

Anregende Effekte können in verschiedenen Phasen der Entwicklung auftreten. So nehmen bestrahlte Kiefernsamen schon zur Zeit der Quellung beträchtlich größere Wassermengen auf als unbestrahlte Samen und zeigen vergrößertes Trieblängenwachstum. Ähnliches gilt für mit Neutronen bestrahlte Samen und Pflanzen. Süßkleestecklinge von bestrahlten Kleesamen erreichen größere Höhen als unbestrahlte Kontrollen. Reis, *Setaria* und *Plantago*

Abb. 54. Stimulationswirkung der Röntgenbestrahlung bei Arabidopsis thaliana. Die bestrahlten Samen wurden teils in gute Erde (obere Reihe), teils in Sand ausgesät (unten). Das Optimum der Stimulation liegt bei den Pflanzen in guter Erde zwischen 5 und 10 kr, bei den Sandkulturen bei 30 kr

wachsen schneller, und *Nicotina rustica*, *Gossypium hirsutum* und *Sorghum* zeigen größeres Höhen- und Blattflächenwachstum.

Nach dem Urteil der Pioniere des Gebietes kann kein Zweifel an der Existenz stimulierender, anregender Effekte ionisierender Strahlen auf pflanzliche Objekte bestehen; jedoch, so sagen sie, sind Studien über die den Effekt auslösenden Mechanismen jetzt an der Zeit. Bisher sind nur Vermutungen verlautbart, die auf Bestätigung warten.

Stimulierende Effekte kleiner Dosen auf Entwicklung und Wachstum sind aber nicht nur für Pflanzen beschrieben worden. Auch bei Tieren treten sie unter den verschiedensten experimentellen Bedingungen auf. Im Rahmen des Manhattan-Programms der Atombombenentwicklung hat LORENZ bei Bestrahlung von

Mäusen und Meerschweinchen — die kreisförmig um ein Radiumpräparat herum in ihren Käfigen angeordnet waren — deutlich fördernde Wirkungen auf Körpergewicht und Überlebensrate gefunden. Nach diesen Beobachtungen beträgt die mittlere Lebensdauer von Tieren, die mit 0,11 R/Tag bestrahlt wurden, 761 Tage, und die von Tieren, die 1,1 R/Tag erhielten, 684 Tage, während die mittlere Lebensdauer der Kontrollen 703 Tage betrug — also eine deutliche Begünstigung der mit 0,11 R bestrahlten Tiere.

Bei der großen praktischen und theoretischen Bedeutung dieser Befunde hat es natürlich nicht an Wiederholungen und Nachprüfungen dieser Experimente gefehlt. Immer aber sind die in der Literatur berichteten Befunde — wenn auch nicht endgültig verstanden — so doch experimentell bestätigt worden.

Förderung und Anregung verschiedener Funktionen und Vorgänge treten auch bei Tieren auf, die von „innen" bestrahlt werden. Das zeigt sich deutlich in einem Experiment, in dem weißen Mäusen verschiedene Mengen von Polonium einverleibt wurden: von 0,580 Mikrocurie bis zu 0,009 Mikrocurie. Am besten taten in bezug auf Körpergewicht und Überlebenszeit die Mäuse, denen 0,031 Mikrocurie Polonium verabreicht worden waren. So lebten von diesen Mäusen am Ende der 275 tägigen Beobachtungsperiode noch 92 %, während in den Kontrollen nur noch 78 % am Leben waren.

Von „außen" und von „innen" bestrahlt, wachsen Kaulquappen in radiumemanationshaltigem Wasser je nach der Konzentration der Emanation im Wasser verschieden schnell. Abb. 55 bringt das Ergebnis eines solchen Versuches mit Wasser der radioaktiven Quellen des Radiumbades Oberschlema in Sachsen. Nach diesem Versuch zeigen Kaulquappen in Wasser mit geringem Emanationsgehalt eine deutliche Förderung des Wachstums, während Tiere in Wasser mit hohem Emanationsgehalt verkümmert wachsen. Es liegt nahe, hier die Aufmerksamkeit des Lesers auf das vieldiskutierte Gesetz von ARNDT-SCHULZ zu lenken, das in bezug auf Drogen und Medikamente besagt: „Kleine Dosen regen an, große Dosen hemmen."

Als einen besonders wichtigen Beweis für die Verbreitung und Allgemeingültigkeit der Stimulation durch ionisierende Strahlen wird die Reaktion des Reismehlkäfers *(Tribolium confusum)* auf

verschieden große Strahlendosen betrachtet. Nach Bestrahlung
mit 3000 R (eine kleine Dosis für Insekten) findet man in diesem
Käfer eine statistisch signifikante Erhöhung des Prozentsatzes der

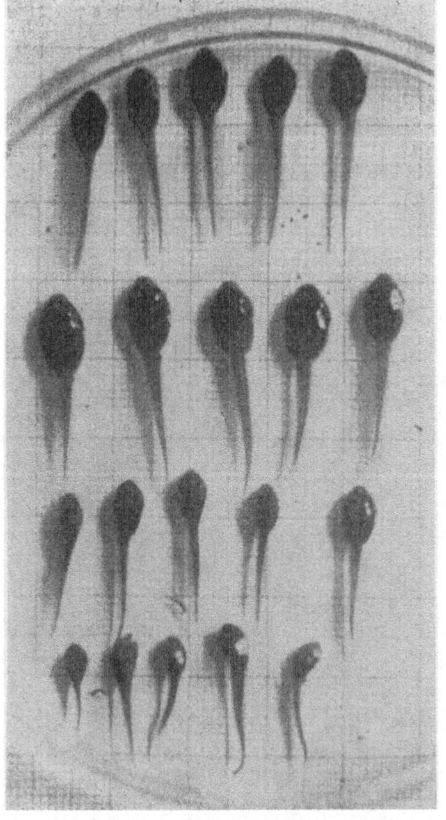

Abb. 55. Einfluß von Radiumemanation auf das Wachstum von Kaulquappen.
1. Reihe: Kontrollen; 2. Reihe: Tiere in Wasser mit geringem Emanationsgehalt; 3. Reihe: Tiere in Wasser mit mittlerem Emanationsgehalt; 4. Reihe:
Tiere in Wasser mit hohem Emanationsgehalt

Überlebenden und der Überlebenszeit: für die mittlere Überlebens-
zeit 340 Tage im Vergleich zu einer mittleren Überlebenszeit der
Kontrollen von 270 Tagen. Eine interessante Bemerkung von
BACQ und ALEXANDER im Anschluß an dieses Experiment möge

dem Leser nicht verschwiegen bleiben — zumal sie als Überleitung ins letzte Kapitel des Bändchens dienen kann. Vielleicht, so meinen die beiden Forscher, hat sich die Ansicht von der Schädlichkeit aller Strahleneffekte überlebt, und man sollte genauso wie für aktinische (Licht und UV) und thermische Energie auch für ionisierende Strahlen physiologische und pathologische Wirkungsskalen annehmen.

10. Biologische Bedeutung der Umweltstrahlungen

Umweltstrahlendosen

1927 hat LAZARUS in einer gewagten Vision ein Bild des Menschen als Wanderer zwischen strahlenden Welten gezeigt. Dabei war er sich der Grenzen der damaligen Kenntnisse wohl bewußt und ließ alle Möglichkeiten der Existenz noch anderer Strahlen neben den damals bekannten (Röntgenstrahlen, radioaktive Strahlen, Höhenstrahlen) offen. Heute, 40 Jahre später, steht das, was damals eine Vision war, wohlbegründet und wesentlich ergänzt als Wirklichkeit vor uns. Art, Energie und Entstehungsorte der verschiedenen Strahlenarten sind heute gut bekannt, und in bezug auf die Strahlendosen, die von diesen Strahlungen geliefert werden, liegen verläßliche Zahlen und Daten vor. Die moderne Darstellung des Menschen als Wanderer zwischen strahlenden Welten (Abb. 56) teilt die Umweltstrahlungen in drei Hauptgruppen ein:

Natürliche Umweltstrahlung	*Innere Einstrahlung*	*Zivilisatorische Umweltstrahlung*
Kosmisch Gebäude, Geräte, Boden, Wasser, Luft	Radioaktive Isotope	Fallout Medizinische Anwend. Industrie und Technik

Von diesen Gruppen empfängt jede Million Menschen jährlich im Durchschnitt eine Strahlendosis von:

Natürliche Umweltstrahlung	*Innere Einstrahlung*	*Zivilisatorische Umweltstrahlung*
100 000—130 000 Rem*	25 000 Rem	20 000—70 000 Rem

* Rem: eine Dosiseinheit, die zugleich die relative biologische Wirksamkeit einer Strahlung berücksichtigt (RBW). Dosis in Rem = (Dosis in Rad) multipliziert mit dem (RBW-Faktor).

Diese Werte — leicht auf eine Person umzurechnen — müssen als grobe Durchschnittswerte betrachtet werden, da die Umweltstrahlungen an verschiedenen Orten der Erde sehr verschieden sein können. So sind die Strahlendosen, die der Mensch und andere Lebewesen erhalten, von der Höhenlage des Aufenthaltsortes, dem Breitegrad und von der Bodenbeschaffenheit abhängig.

Abb. 56. Der Mensch als Wanderer zwischen strahlenden Welten in moderner Sicht

Je größer die Höhenlage, desto höher die Dosis, da die kosmische Strahlung mit der Höhe zunimmt; je höher der Breitegrad, desto mehr Strahlung, weil am Pol mehr Höhenstrahlung einfällt als am Äquator, und von Granitgesteinen kommt mehr Strahlung als von Sedimentgesteinen.

Radioaktive Strahlungen in der Luft stammen von den Emanationen der radioaktiven Elemente im Boden und in Quellen (Übersicht, Tabelle 23).

Die Emanationen treten aus Spalten und Kapillaren im Boden ins Freie oder werden, im Wasser gelöst, mit den Quellen zutage gefördert. Durch Konvektionsströme und Diffusionsvorgänge in die hohe Atmosphäre transportiert, zerfallen sie während des Transportes in ihre Tochterprodukte, die dann mit Aerosol und Regen als „natürliches Fallout" zur Erde zurückkehren (Abb. 57).

Neben Orten mit relativ geringen Strahlenintensitäten gibt es auf der Erde Gegenden, in denen die Umweltstrahlung sehr hoch sein kann. Am bekanntesten sind in dieser Hinsicht die Kerala-Region in Indien und einige Staaten in Südamerika. So finden sich in Indien Orte mit Strahlendosen bis zu 2800 millirem pro Jahr, und in verschiedenen Teilen Brasiliens werden bis zu 12 000 millirem pro Jahr gemessen. Verursacht werden diese hohen Dosen vorwiegend durch die Radioaktivität des Bodens, der in der Keralagegend weitgehend aus Monazitsand besteht.

Auch im Weltenraum schwanken die Dosen, denen Astronauten und Weltraumreisende ausgesetzt sind, nicht nur in Abhängigkeit von der Länge der Reisestrecken im Weltenraum, sondern auch im Zusammenhang mit den gewaltigen Veränderungen, die dauernd im Weltenraum vor sich gehen, und mit den wechselnden Aktivitäten auf der Sonne. Hier können die Dosen von einigen wenigen Röntgen, über „ . . . zig" Röntgen in den großen Strahlengürteln, bis zu Hunderten von Röntgen und mehr bei starker Sonnenaktivität steigen.

Die „von innen" kommenden Strahlendosen hängen von der Menge radioaktiver Elemente ab, die das Lebewesen vom Mutterleibe her besitzt, und die es später täglich mit Nahrung, Wasser

Tabelle 23. *Gesamtübersicht über die natürliche atmosphärische Radioaktivität* (nach H. Israel)

	Mustersubstanzen	Emanationen		
Boden	Uran 238 : $3 \cdot 10^{-6}$ g/g		Halbwertstiefe	Defizit (Curie)
	Thorium 232 : $1 \cdot 10^{-5}$ g/g			
		Radon:	105,5 cm	$3,1 \cdot 10^{-11}$
		Thoron:	1,35 cm	$0,034 \cdot 10^{-11}$
Quellen	Radium 226 : $10^{-14} — 10^{-13}$ C/cm³			
		Radon:	$10^{-14} — 10^{-12}$ C/cm³ (Maximalwerte bis zu 10^{-9} C/cm³)	
Atmosphäre			Konzentration in Bodennähe	Halbwertshöhen
		Radon:	$1,58 \cdot 10^{-18}$ C/cm³	1350 m
		Thoron:	$1,74 \cdot 10^{-18}$ C/cm³	17,5 m
		ThB :		457 m

und Luft in den Körper einführt. Diese Mengen schwanken mit der Radioaktivität des Aufenthaltsortes und den radioaktiven Gegebenheiten der Atmosphäre (Fallout). Sie können unter Umständen recht groß sein, wenn der Mensch in Gegenden lebt, in denen Fische und andere Meerestiere als Hauptnahrung dienen.

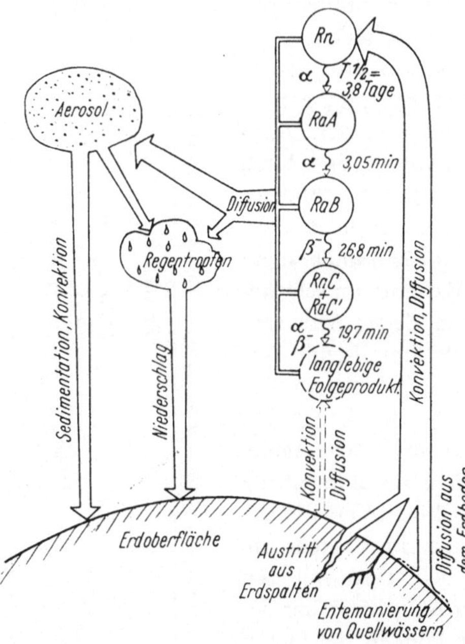

Abb. 57. Kreislauf der Radiumemanation (Radon) und ihrer Folgeprodukte in der Atmosphäre. Rn = Radon (Radiumemanation), RaA = Polonium[218], RaB = Blei[214], RaC = Wismut[214]

Manche wasserbewohnende Arten können nämlich beachtliche Mengen radioaktiver Stoffe in sich ansammeln, oftmals viele tausend Male mehr, als die Radioaktivität ihrer Umgebung beträgt.

In bezug auf die Dosen von zivilisatorischer Umweltstrahlung hängen die Strahlendosen, die der Mensch empfängt, von seinem Verhalten ab. Er hat die Möglichkeit, gewaltige Mengen von Strahlung aller Art mit seinen Apparaturen und Maschinen und durch Herstellung künstlich radioaktiver Isotope zu erzeugen. Benimmt er sich den Strahlenschutzrichtlinien entsprechend, dann sind die Dosen der zivilisatorischen Strahlenumwelt im allgemeinen keine Gefahrenquelle für ihn. Treibt er aber Raubbau mit seiner Gesundheit und ist sorglos im Umgang mit Strahlung und radioaktiven Substanzen — wie das für manche Radiumvergiftungsfälle nachgewiesen werden konnte — dann muß er manchmal mit dem Leben dafür bezahlen.

Biologische Effekte der Umweltstrahlungen

In bezug auf biologische Effekte der Umweltstrahlungen ist die Sachlage auf dem Gebiet der zivilisatorischen Umweltstrahlung klar. Strahlendosen über 25 R — eine Dosis, die als „Gefährdungsdosis" betrachtet wird — rufen biologische Effekte hervor, wie sie in den vorhergehenden Kapiteln beschrieben worden sind. Im Falle biologischer Effekte kleiner und kleinster Dosen kann man von Messungen mit größeren Dosen unter bestimmten Voraussetzungen auf kleinere Dosen extrapolieren. Die großen Vergleichsmaßstäbe aber für Effekte allerkleinster Dosen werden uns von der Natur gegeben. Natürliche Umgebungsstrahlung hat an der Wiege des Lebens gestanden. Mit oder trotz der Umweltstrahlung hat das Leben sich zu dem entwickelt, was es heute ist. Ob Strahlung bei dieser Entwicklung von Nutzen war oder ob schädlich, kann nur spekulativ diskutiert werden, da es keine nichtbestrahlten Vergleichsobjekte gibt. Kein Lebewesen kann der natürlichen Umweltstrahlung entrinnen. Es kann von Gegenden hoher Strahlenintensität in Gegenden mit niedriger Strahlenintensität wechseln, aber es kann keinen Platz auf der Erde finden, der frei von Umgebungsstrahlung ist.

Aus dieser Tatsache können wir Nutzen ziehen und nach Wegen suchen, um die Frage zu beantworten, wie groß Strahlendosen sein dürfen, ohne erkennbare körperliche Schäden hervorzurufen. Es ist von großer Bedeutung, daß die strahlenbiologische Forschung eine Grundlage zur Aufstellung von Strahlenschutzrichtlinien und von maximal zulässigen Dosen geben kann. Letztere sind die Dosen, die, über längere Zeit kumuliert oder in einer akuten Bestrahlung empfangen, im Lichte gegenwärtiger Kenntnis nur mit geringer Wahrscheinlichkeit beobachtbare somatische oder genetische Schäden verursachen können.

Nur zwei Beispiele, aus einem ungeheuer reichen Schrifttum ausgewählt, mögen das veranschaulichen. Das erste Beispiel beruht auf unserer Kenntnis des Radiumgehaltes des normalen menschlichen Körpers und auf der Ermittlung der Radiummengen in Radiumvergiftungsfällen, die bestimmt schädigend wirken. Der Radiumgehalt des menschlichen Körpers hängt genauso wie andere Größen von der Umgebung ab, in der die Menschen leben. So findet man — nach dem Bericht der Vereinten Nationen 1962 — im 70 kg schweren Körper von normalen Menschen aus Rochester im Staate New York $(38 — 353) \times 10^{-12}$* g Radium 226; von Menschen aus der Northwest-Pacific-Gegend $(13 — 139) \times 10^{-12}$ g Radium-226 und von Menschen aus Frankfurt am Main $(130 — 790) \times 10^{-12}$ g Radium 226. Auf der anderen Seite hat die sorgfältige Auswertung der Befunde in zahlreichen Radiumvergiftungsfällen, wie sie seit Anfang der dreißiger Jahre aufgetreten sind, gezeigt, daß 0,1 Mikrogramm $(= 10^{-7}$ g$)$ Radium 226 als Toleranzdosis zu betrachten sind. Somit liegt zwischen den naturgegebenen Werten von $(13 — 790) \times 10^{-12}$ g Radium im menschlichen Körper und dem als zulässig angenommenen Toleranzbetrag von 1×10^{-7} g Radium im Körper noch eine Pufferzone von mehreren Zehnerpotenzen zur Sicherheit und zum Schutz.

Das zweite Beispiel bringt Beobachtungen an Pflanzen, die an Orten gezogen wurden, deren natürliche Umgebungsstrahlendosen sich um einen Faktor 5 unterschieden, und Studien an der Bevölkerung in der Kerala-Region in Indien. Bei den Pflanzen handelte es sich um *Arabidopsis*, die — unter sonst gleichen Bedingungen — an Orten mit einem — wie schon gesagt — 5fachen Unterschied in der Strahlenintensität wuchsen. Sie zeigten keine Unterschiede in ihrem Wachstum und in ihrer Entwicklung, die statistisch von Bedeutung gewesen wären. Auch die eingehenden Studien in der Kerala-Region gaben bisher keine Andeutungen für irgendwelche somatischen oder genetischen Defekte der dort seit Generationen lebenden Menschen.

Weiterhin hat man versucht, aus der Zahl der spontan auftretenden Leukämie- und Knochenkrebsfälle in der Welt die Risiken abzuschätzen, die mit der zivilisatorischen Umweltstrahlung verbunden sind. Der Bericht der Vereinten Nationen über die Effekte

---

* 10^{-12} = 0,000 000 000 001.

116

atomarer Strahlen aus dem Jahre 1962 gibt die Resultate in einer einfachen Tabelle, in der die natürlich auftretenden Effekte gleich 1 gesetzt sind (Tabelle 24).

Zur Auswertung genetischer Effekte kleinster Strahlendosen hat man das Konzept der „Verdoppelungsdosis" eingeführt. Dieses ist jene Strahlenmenge, welche die gleiche Zahl von Mutationen zusätzlich erzeugt, wie sie der spontanen Mutationsrate des

Tabelle 24. *Risikenvergleich der Umweltstrahlungen. Angegeben ist das zusätzliche Risiko im Vergleich zum Risiko natürlicher Umweltstrahlung, das gleich 1 gesetzt ist* (Bericht der Vereinten Nationen über die Effekte atomarer Strahlen, 1962)

Strahlenquelle	Erbliche Effekte	Somatische Effekte	
		Leukämie	Knochentumor
Natürliche Umweltstrahlung	1,00	1,00	1,00
Medizinische Strahlenanwendungen	0,30	0,4—0,8	?
Fallout bis Dezember 1961	0,11	0,15	0,23

in Frage stehenden Objektes entspricht; sie führt also zu einer Verdoppelung der natürlich auftretenden Mutationen. Auf Grund des vorliegenden experimentellen Materials kann die Verdoppelungsdosis für Drosophila und — allerdings nach spärlichem Material — für Säugetiere abgeschätzt werden. Für den Menschen liegt sie nach solchen Schätzungen zwischen 3 R und 150 R.

Nimmt man 3 R als Verdoppelungsdosis an, dann liegen die „zulässigen" Dosen für den Menschen recht niedrig; nimmt man 150 R als Verdoppelungsdosis an, dann sind relativ hohe Dosen nötig, bevor genetische Schäden in den Nachkommen bestrahlter Personen auftreten. Im Grunde aber sollte man, wie MARQUARDT und SCHUBERT in ihrem Bändchen „Die Strahlengefährdung des Menschen durch Atomenergie" betonen, nicht um 3 R, 30 R oder 150 R streiten, sondern sollte, um jedes Risiko auszuschalten, unnötige Bestrahlungen soweit wie möglich vermeiden.

Diese Haltung kommt auch in den Strahlenschutzrichtlinien und in den von verschiedenen Kommissionen und Organisationen aufgestellten „maximal zulässigen Dosen" zum Ausdruck. Nach den Empfehlungen des Internationalen Committee on Radiation Protection (ICRP) gelten als maximal zulässige Dosen:

1. *Für Personen, die beruflich mit Strahlung in Berührung kommen,* also für längere Zeiträume, unter Umständen für Lebenszeit Ganzkörperbestrahlung ausgesetzt sind: „Vom 18. Jahre an soll die biologische Äquivalenzdosis von 5 Rem im Jahr nicht überschritten werden. Die Akkumulation der Dosis mit dem Alter soll der Formel folgen, Dosis $D = 5 \times (N - 18)$, wobei N das Lebensalter über 18 ist. Innerhalb kürzerer Zeitabschnitte ist gewisse Freizügigkeit gestattet; bis zum 30. Lebensjahre jedoch darf eine biologische Äquivalenzdosis von $5 \times (30 - 18) = 60$ Rem nicht überschritten werden." Dabei sind die Strahlendosen von natürlicher Umweltstrahlung und medizinischer Strahlenbehandlungen nicht berücksichtigt.

2. *Für besondere Bevölkerungsgruppen,* die nicht als „beruflich strahlengefährdete Personen" zu betrachten sind, gilt im allgemeinen $^1/_{10}$ der Dosis für Strahlenarbeiter, also 0,5 Rem im Jahr.

3. *Für die Gesamtbevölkerung* ist eine genetische Strahlendosis (Bestrahlung der Gonaden der Bevölkerung) von 3 Rem in 30 Jahren durch die natürliche Umweltstrahlung, zusätzlich einer Dosis von 5 Rem in 30 Jahren durch andere Strahlenquellen, zulässig. Bestrahlungen infolge ärztlicher Untersuchungen oder Behandlung mit Strahlen sind dabei nicht mit eingeschlossen.

Das Strahlenrisiko in neuester Sicht

Interessanterweise sind bisher in keinem Zweig der Tätigkeit des Menschen — was immer diese Tätigkeit sein mag — die Risiken, die mit Fortschritt und technischer Entwicklung verbunden sind, mit einer solchen Vorsicht, solchem Nachdruck und solcher Schärfe behandelt worden wie das Risiko im Umgang mit Strahlung. Dieses Risiko wird nach allgemeiner Ansicht niemals gleich Null sein, aber die Wissenschaftler sowohl als auch die Gesundheitsbehörden sehen ein, daß Risiko und Preis in einem bestimmten Verhältnis stehen müssen, wenn es gilt, Zukunftspläne und -aussichten der verschiedensten Art zu verwirklichen. Der technische Fortschritt unserer Zeit ist sehr schnell, und mit den Aufgaben und Zielen wachsen die Ansprüche. Im Falle von Strahlung betreffen diese Ansprüche eine Korrektur der empfohlenen Strahlenschutzrichtlinien und der maximal zulässigen Dosen für beruflich mit Strahlung in Berührung kommende Personen, insbesondere im Zusammenhang mit den Aufgaben der Weltraumforschung und der Anwendung neuer und stärkerer Strahlenquellen auf vielen Gebieten des Lebens.

Ganz klar wird dies in einem gerade erscheinenden Bericht „Radiobiological Factors in Manned Space Flight", herausgegeben von der National Academy of Sciences, hervorgehoben. Dieser Bericht — von einem Panel führender Wissenschaftler in zweijähriger Arbeit fertiggestellt — betont mehr den Erfolg der Mission und den Betrag an Strahlung, der dem Mensch in solchem Falle zugemutet werden kann, als das Problem des maximalen Schutzes des Individuums. Nach Ansicht dieses Panels sind die im Bericht veröffentlichten Tatsachen und Befunde nicht auf die bemannte Raumschiffahrt beschränkt, sondern sollten auch in anderen Fällen angewandt werden, in denen die anzutreffenden Dosen die Strahlenschutzrichtlinien und die maximal zulässigen Dosen überschreiten: für zivile und berufliche Gruppen, Kernenergienotstände, militärische Operationen, Luftschutz und eventuell auftretende Massenunfälle durch Kernstrahlungen.

Noch weiter spannt sich dieser Bogen für Pioniere, Explorer und Entdecker, die sich besonderen Aufgaben hingeben. Sie messen die Gefahren ihrer Mission nicht mit alltäglichen Maßstäben. Getrieben von dem unbändigen Drang, das Unbekannte zu ergründen und zu meistern, werden sie — wie das immer bei großen Entwicklungen und Fortschritten der Menschheit der Fall gewesen und in einem mittelalterlichen Holzschnitt so prophetisch dargestellt ist (Abb. 58) — allen Gefahren zum Trotz dem inneren Ruf folgen. Ähnliches gilt für die Forscher auf dem gefährlichen Gebiet zwischen Strahlung auf der einen, Biologie und Medizin auf der anderen Seite. Von göttlicher Neugier und kindlichem Spieldrang getrieben — wie das Einstein einmal als charakteristisch für den Forscher bezeichnet hat —, geben sie sich mit größter Begeisterung dem Studium der geheimen Zwiesprache zwischen Photonen, Korpuskeln und Zellen hin.

Diese Zwiesprache hat an der Wiege des Lebens begonnen und ist über die Jahrmillionen hinweg vor sich gegangen. Sie zu verstehen ist schwer. Nur langsam gibt sie ihre Geheimnisse preis. Trotzdem aber ist es der Forschung zu rechter Zeit gelungen, Mittel und Wege zu finden, eventuellen Strahlengefahren des modernen Lebens wirkungsvoll entgegenzutreten und Katastrophen zu vermeiden. Auch in bezug auf neue, immer größer werdende Aufgaben — wie die Frage nach dem Verhältnis zwischen

Abb. 58. Mittelalterlicher Holzschnitt zeigt Scholaren, den Kopf durch das Himmelszelt steckend, um die Geheimnisse des Sternenlaufes zu ergründen

Risiko und Preis im Hinblick auf die Bedeutung der Mission — werden sich tragbare Lösungen finden in dem Maße, wie der Mensch lernt, die Zwiesprache zwischen Strahlung und biologischen Systemen immer besser zu verstehen.

Literatur

ALEXANDER, P.: Atomic Radiation and Life. Middlesex: Penguin Books 1965.

AMELUNG, W. (Herausgeb.): Handbuch der Bäder- und Klimaheilkunde. Stuttgart: Schattauer 1962.

ARLEY, N., u. H. SKOV: Atomkraft. Verständliche Wissenschaft, Bd. 73. Berlin-Göttingen-Heidelberg: Springer 1960.

AUERBACH, CH.: Gefährdete Generationen. Erbgesundheit im Atomzeitalter. Stuttgart: Thieme 1957.

BACQ, Z. M., u. P. ALEXANDER: Grundlagen der Strahlenbiologie. Stuttgart: Thieme 1958. Fundamentals of Radiobiology. London: Pergamon Press 1961.

BECK, H., H. DRESEL, H.-J. MELCHING u. H. LANGENDORFF: Leitfaden des Strahlenschutzes. Stuttgart: Thieme 1959.

BOND, V. P., TH. M. FLIEDNER, and J. O. ARCHAMBEAU: Mammalian Radiation Lethality. A Disturbance in Cellular Kinetics. New York-London: Academic Press 1965.

BRUES, A. M. (Ed.): Low Level Irradiation. Washington, D.C.: National Academy of Sciences, Publ. No. 59, 1959.

Bundesminister für Wissenschaft und Forschung: Umweltradioaktivität und Strahlenbelastung, Bd. IV/65. Bad Godesberg 1966.

CALDECOTT, R. S., and L. A. SNYDER (Eds): Radioisotopes in the Biosphere. Minnesota: University Press 1960.

CATSCH, A.: Radioactive Metal Mobilization in Medicine. Springfield (Ill.): Thomas 1964.

CLAUS, W. D. (Ed.): Radiation Biology and Medicine. Reading (Mass.): Addison-Wesley Company 1958.

DESSAUER, F., u. K. SOMMERMEYER: Quantenbiologie. Berlin-Göttingen-Heidelberg: Springer 1964.

ELKIND, M. M., and G. F. WHITMORE: The Radiobiology of Cultured Mammalian Cells. New York: Gordon and Breach, Sci. Publ. 1967.

FASSBENDER, H.: Einführung in die Meßtechnik der Kernstrahlung und die Anwendung der Isotope. Stuttgart: Thieme 1958.

FINKELNBURG, W.: Einführung in die Atomphysik, 9/10. Aufl. Berlin-Göttingen-Heidelberg: Springer 1964.

FOWLER, J. M.: Fallout. New York: Basic Book Inc. 1960.

FRITZ-NIGGLI, H.: Strahlenbiologie. Stuttgart: Thieme 1959.

GLASSER, O., E. H. QUIMBY, L. S. TAYLOR, J. L. WEATHERWAX, and R. H. MORGAN: Physical Foundations of Radiology, 3. Ed. New York: P. B. Hoeber, Inc., Med. Div. of Harper and Brothers 1961.

GLASSTONE, S. (Ed.): The Effects of Atomic Weapons. Washington, D.C.: US-AEC 1962.

GROSCH, D. S.: Biological Effects of Radiations. New York-Toronto-London: Bleisdeel Publ. Comp. 1965.

HOLLAENDER, A.: Radiation Protection and Recovery. New York: Pergamon Press 1960.

HUG, O., u. A. M. KELLERER: Stochastik der Strahlenwirkung. Berlin-Heidelberg-New York: Springer 1966.

ISRAEL, H., u. A. KREBS: Kernstrahlung in der Geophysik. Mit einer Einführung von R. D. EVANS. Berlin-Göttingen-Heidelberg: Springer 1962.

JAEGER, R. G.: Dosimetrie und Strahlenschutz. Stuttgart: Thieme 1959.

KIMELDORF, D. J., and E. L. HUNT: Ionizing Radiation: Neural Function and Behavior. New York-London: Academic Press 1965.

LANGHAM, W. H. (Chairman): Radiobiological Factors in Manned Space Flight. Publication No. 1487. Washington, D.C : National Academy of Sciences 1968.

LAZARUS, P.: Handbuch der gesamten Strahlenheilkunde. München: Bergmann 1927.

LEA, D. E.: Actions of Radiations on Living Cells. Sec. Ed. Cambridge: University Press 1955.

MARQUARDT, H.: Natürliche und künstliche Erbänderungen. Hamburg: Rowohlt 1957.

—, u. G. SCHUBERT: Die Strahlengefährdung des Menschen durch Atomenergie. Hamburg: Rowohlt 1959.

MAYNEORD, W., J. RADLY, and R. TURNER: Alphastrahlung des menschlichen Körpers. Strahlentherapie. München: Urban & Schwarzenberg 1959.

MELCHING, H.-J., H. R. BECK, H.-A. LADNER u. K. SCHERER (Herausgeb.): Strahlenschutz in Theorie und Praxis. Jahrbücher der Vereinigung Deutscher Strahlenschutzärzte E.V., fortlaufend seit 1961. Freiburg i. Br.: Rombach & Co. 1961—1967.

MESSERSCHMIDT, O.: Auswirkungen atomarer Detonationen auf den Menschen. München: Thiemig 1960.

NEEL, J.: Changing Perspectives on the Genetic Effects of Radiation. Springfield (Ill.): Thomas 1963.

RAJEWSKY, B. (Herausgeb.): Strahlendosis und Strahlenwirkung. Stuttgart: Thieme 1956.

RÜCHARDT, E.: Sichtbares und unsichtbares Licht. Verständliche Wissenschaft, Bd. 35. Berlin-Göttingen-Heidelberg: Springer 1952.

SPARROW, A. H., J. B. BINNINGHAM, and V. POND: Bibliography on the Effects of Ionizing Radiations on Plants. Brookhaven National Laboratory, US-AEC, 1958.

—, and H. J. EVANS: In Fundamental Aspects of Radiosensitivity. Brookhaven Symposium No. 14. Brookhaven National Laboratory, US-AEC, 1961.

STOKLASA, J., u. J. PENKAVA: Biologie des Radiums und der radioaktiven Elemente. Berlin: Parey 1932.

THOMSON, J. F.: Radiation Protection in Mammals. New York: Reinhold Publishing Comp. 1962.

TIMOFÉEFF-RESSOVSKY, N. W., u. K. G. ZIMMER: Biophysik I. Das Trefferprinzip in der Biologie. Leipzig: Hirzel 1947.

United Nations Report on the Effects of Atomic Radiation. New York: United Nations 1962.

WALLACE, B., and TH. DOBZHANSKY: Radiation, Genes and Men. New York: Henry Holt & Comp. 1959.

WEISSKOPF, V. F.: Knowledge and Wonder. Garden City, N.J.: Doubleday & Comp., Inc. 1962.

ZIMEN, K. E.: Angewandte Radioaktivität. Berlin-Göttingen-Heidelberg: Springer 1952.

ZIMMER, K. G.: Studien zur quantitativen Strahlenbiologie. Mainz: Akademie der Wissenschaften 1960.

Abbildungsnachweis

Für Erlaubnis zur Reproduktion der folgenden Abbildungen aus der Litera
tur beziehungsweise für Überlassung geeigneten Illustrationsmaterials gebührt
unser Dank:

Abb. 1 P. Lazarus: Handbuch der Gesamten Strahlenheilkunde. Bergmann 1927
Abb. 2 K. Wurm: Die Kometen. Verst. Wiss. **53** (1954).
Abb. 3 Siemens-Reiniger-Werke AG, Erlangen
Abb. 4 Atomic Energy of Canada, C. H. Müller, Hamburg
Abb. 5 F. Wachsmann: Strahlentherapie **126** (1965)
Abb. 6 O. Glasser, E. H. Quimby, L. S. Taylor, J. L. Weatherwax, and R. H. Morgan: Physical Foundations of Radiology, 3. ed., Hoerber 1964
Abb. 8 F. Rasetti: Elements of Nuclear Physics, Prentice Hall, 1947; L. H. Gray: Brit. J. Radiol., Suppl. 1 (1947); C. T. R. Wilson: Proc. roy. Soc. **A 104** (1923); D. J. Hughes: in R. Lapp and H. Andrews: Nuclear Radiation Physics, Prentice Hall, 1948; P. M. S. Blackett and G. P. S. Occhialini: in H. Schopper: Naturwissenschaften, 1959
Abb. 9 D. Harder, G. Harigel u. K. Schultze: Strahlentherapie **115** (1961)
Abb. 10 Heinecke: Instr. Corporation, Nucl. Physics Manual 1949
Abb. 11 F. Wachsmann u. D. Kermani: Strahlentherapie **124** (1964)
Abb. 14 H. Fritz-Niggli: in Strahlenbiologie, Strahlentherapie, Nuklear-Medizin und Krebsforschung. Stuttgart: Thieme 1959
Abb. 15 F. Wachsmann, A. Utreras u. E. Schreiber: Strahlentherapie **122** (1963)
Abb. 16a D. Harder, G. Harigel u. K. Schultze: Strahlentherapie **117** (1962)
Abb. 16b T. André: Acta radiol. (Stockh.) Suppl. **142** (1956)
Abb. 17 P. Alexander: Atomic Radiation and Life. Penguin Books, 1965
Abb. 18 J. F. Thomson: Radiation Protection in Mammals. Reinhold 1962
Abb. 19 A. D. Conger: Radiology **66** (1956)
Abb. 20 G. W. Barendsen: in Biological Effects of Neutron and Proton Radiations, IAEO, Wien 1964
Abb. 21 A. H. Sparrow and H. J. Evans: Brookhaven Symposia in Biology **14** (1961); Radiation Botany 1 (1961)
Abb. 22 Th. Puck: Radiation and the Human Cell. Proc. Nat. Acad. Sci. (Wash.) **44** (1958)
Abb. 23 B. Rajewsky u. Mitarb.: in F. Dessauer u. K. Sommermeyer: Quantenbiologie. Berlin-Göttingen-Heidelberg: Springer 1964
Abb. 24 H. B. Gerstner, J. F. Pickering, and A. Z. Dugi: Radiat. Res. **2** (1955)

Abb. 25 K. Inouye: Strahlentherapie 64 (1939)
Abb. 26 S. Glasstone: The Effects of Nuclear Weapons, USAEC, Washington 1957
Abb. 27 W. H. Langham: Aerospace Med. 30 (1959)
Abb. 28 M. R. Zelle: in Radioisotopes in the Biosphere. Univ. of Minnesota Press, 1960
Abb. 29 USAEC-Report 1958/9
Abb. 30 W. L. Russell, L. B. Russell, and E. M. Kelly: Science 128 (1958)
Abb. 31 A. H. Blair: USAEC-Report UR-206, 1956
Abb. 32 T. J. Bucci, M. M. McLaughlin, Ch. N. Conant, A. T. Krebs, and K. T. Woodward: Strahlentherapie 131 (1966)
Abb. 33 H. Fritz-Niggli: Strahlenbiologie. Stuttgart: Thieme 1959
Abb. 34 D. E. Smith, H. M. Patt, E. B. Tyree, and R. L. Straube: Proc. Soc. Exp. Biol. (N.Y.) 73 (1950)
Abb. 35 A. Ehrenberg u. L. Ehrenberg: in K. G. Zimmer: Studien zur quantitativen Strahlenbiologie. Akademie der Wissenschaften Mainz 1960
Abb. 36 E. Schwanitzer: Jahresbericht 1965, Kernforschungsanlage Jülich
Abb. 37 L. O. Jacobson, E. K. Marks, M. J. Robson, E. O. Gaston, and R. E. Zirkle: J. Lab. clin. Med. 34 (1949)
Abb. 38 H. J. Thom u. K. F. Hübner: Strahlentherapie 108 (1959)
Abb. 39 Fundamental and Clinical Aspects of Radiation Protection and Recovery, No. 5, Oak Ridge 1962
Abb. 40 E. Lorenz, D. Uphoff, T. R. Reid, and E. Shelton: J. Nat. Cancer Inst. 12 (1951)
Abb. 41 D. O. Harder u. O. Hug: Strahlentherapie 106 (1958)
Abb. 42 W. D. Claus: Radiation Biologie and Medicine, Reading 1958
Abb. 43 J. B. Storer: Ann. N.Y. Acad. Sci. 114 (1963)
Abb. 44 J. C. Smith, D. J. Kimeldorf, and E. L. Hunt: Science 140 (1963)
Abb. 45 O. Hug, H. Miltenburger u. E. Esch: Biophysik 1 (1964)
Abb. 46 P. S. Henshaw: in D. W. Claus: Radiation Biologie and Medicine (1958)
Abb. 47 A. Krebs u. B. Benson: Naturwissenschaften 53 (1966)
Abb. 48 O. R. Wilson: Ann. Rev. Entomology 8 (1963)
Abb. 49 USAEC-Report, January 1960; USAEC Annual Report 1962
Abb. 50 A. Gustafson: in P. Alexander: Atomic Radiation and Life. Penguin Books 1965
Abb. 51 Atomic Energy of Canada Ltd. Tech. Bull. RAP-1
Abb. 52 K. Kawara: Radiation Botany 3 (1963); T. Tatsuno: Institute Radiation Breeding, Ohmiya, Ibaraki-Ken, Japan 1968
Abb. 53 A. H. Sparrow and H. J. Evans: Brookhaven Symposia Report No. 14 (1961)
Abb. 54 E. Schwanitzer: Jahresbericht 1965, Kernforschungsanlage Jülich
Abb. 55 A. Krebs: Die Umschau, Heft 25 (1942)
Abb. 56 A Practical Manual on the Medical and Dental Use of X-rays. The American College of Radiology, Chicago 1958
Abb. 57 K. Aurand, W. Jakobi u. A. Schraub: Strahlentherapie, Sonderband 35 (1956)
Abb. 58 V. F. Weisskopf: Knowledge and Wonder. Anchor Books 1966

Sachverzeichnis